Deutsch im Maschinenbau

Maria Steinmetz · Heiner Dintera

Deutsch im Maschinenbau

Ein DaF-Lehrbuch für Studierende ab B1

 Springer Vieweg

Maria Steinmetz
Berlin, Deutschland

Heiner Dintera
TU Ilmenau
Ilmenau, Deutschland

ISBN 978-3-658-35982-9   ISBN 978-3-658-35983-6   (eBook)
https://doi.org/10.1007/978-3-658-35983-6

Die Deutsche Nationalbibliothek verzeichnet diese Publikation in der Deutschen Nationalbibliografie; detaillierte bibliografische Daten sind im Internet über http://dnb.d-nb.de abrufbar.

Planung/Lektorat: Thomas Zipsner, Ellen Klabunde
Springer Vieweg ist ein Imprint der eingetragenen Gesellschaft Springer Fachmedien Wiesbaden GmbH und ist ein Teil von Springer Nature.
Die Anschrift der Gesellschaft ist: Abraham-Lincoln-Str. 46, 65189 Wiesbaden, Germany

Vorwort

Dieses Buch ist geschrieben für Studierende, deren Muttersprache nicht Deutsch ist, die aber in Deutschland, Österreich oder der Schweiz das Fach Maschinenbau bereits studieren oder studieren wollen. Wo auch immer sie bisher ihre deutschen Sprachkenntnisse erworben haben – der Maschinenbau kam darin bestimmt eher am Rande vor. Doch im Studium an den Fachhochschulen und Universitäten der deutschsprachigen Länder ist neben Englisch diese Sprache das Kommunikationsmittel, in dem Forschung und Lehre, Studienberatung und Projekte stattfinden. Deutsch spricht man in Arbeitsgruppen, Colloquien, Zoom-Meetings, im Betrieb und im Praktikum, in diesem Medium werden Prüfungen abgehalten; Vorlesungsskripte und grundlegende Klassiker der Fachliteratur sind in dieser Sprache geschrieben. Es handelt sich dabei um eine spezifische Verwendungsweise des Deutschen, in der das Fachwissen aus dem großen Bereich Maschinenbau weitergegeben wird, einer fachsprachlichen Ausdrucksweise, die auch von einem deutschen Muttersprachler, dem diese Materie ganz fremd ist, nur teilweise verstanden wird.

Lehrende, die in studienvorbereitenden oder studienbegleitenden DaF-Kursen an Hoch- und Sprachschulen jeglicher Art, an Studienkollegs und weiteren Institutionen unterrichten, sind immer Experten der deutschen Sprache, aber verständlicherweise nicht immer Experten des Faches Maschinenbau. Aus der Verantwortung, Fehlinformationen zu vermeiden, die aus der Unkenntnis der fachlichen Materie stammen könnten, entsteht die Strategie, lieber andere Themen und Inhalte im Sprachunterricht zu behandeln. Deshalb ist dieses Buch auch für Lehrende geschrieben, um sie in dieser nicht leichten Situation zu unterstützen. Denn das Ziel bleibt, dass die Lernenden genau in die Sprache eingeführt werden, die sie im Fach Maschinenbau brauchen.

Daher ist das Buch ein Sprachbuch, dessen Inhalte und Themen aus den Bereichen des Faches Maschinenbau kommen, die im Grundstudium behandelt werden. Aber es ersetzt keineswegs ein Fachbuch, sondern überbrückt die weite Kluft zwischen DaF-Kurs und Fachwelt. Für die Lehrenden sind die Lösungen sämtlicher Aufgaben als pdf.-Dokument im Verlag erhältlich.

Die Themen und Inhalte aus dem Maschinenbau werden in einer Kombination von fachlichen und sprachlichen Aufgaben behandelt, in die seit langem bekannte Ergebnisse aus der Fachsprachenlinguistik integriert sind. Damit lernen die Studierenden die typischen sprachlichen Merkmale der MINT-Fachsprachen kennen, doch sie trainieren sie nicht „trocken", sondern eingebettet in die jeweiligen fachlichen Zusammenhänge. Die Progression der Inhalte ist nicht nach linguistischen und sprachdidaktischen Kriterien ausgewählt, sondern ergibt sich aus der fachlichen Logik; die Syntax wird dann wiederholt oder erklärt, wenn man sie braucht, der Fokus auf bestimmte, fachsprachlich hochredundante Strukturen wie Wortbildung, Redemittel, Stil, Textgliederung etc. ist immer Teil kontextabhängiger Sprachhandlungen. Die einzelnen Kapitel haben unterschiedliche, nicht progressive Schwierigkeitsgrade; das jeweilige Niveau nach dem Gemeinsamen Europäischen Referenzrahmen ist im Inhaltsverzeichnis vermerkt und bietet auch Möglichkeiten der inneren Differenzierung.

Die Untergliederung aller Kapitel ist ausschließlich fachbezogen, wird jedoch durch die Auflistung der damit verbundenen sprachstrukturellen und kommunikativen Aspekte ergänzt. Ins Buch integriert und laufend durchnummeriert sind die Einsprengsel „Fokus Sprache", durch die ein Großteil der fachsprachlichen Merkmale abgedeckt wird. Die einzelnen Kapitel haben unterschiedliche, nicht progressive Schwierigkeitsgrade; das jeweilige Niveau (von A2 bis C1) nach dem Gemeinsamen Europäischen Referenzrahmen (GER) ist im Inhaltsverzeichnis angegeben und bietet damit auch Möglichkeiten der inneren Differenzierung.

Wenn das Buch dazu beiträgt, dass alle Leser, Lernenden und Lehrenden an der deutschsprachigen Kommunikation im Fach Maschinenbau sicher und kompetent teilnehmen können, dann hat es seinen Zweck erfüllt. Wir freuen uns über Zuschriften, Erfahrungen und Kritik an:

deutsch-fuer-ingenieure@gmail.com

Maria Steinmetz und *Heiner Dintera*,
Berlin und Ilmenau im April 2021

Inhaltsverzeichnis

Sprachstrukturelle Aspekte

- Nominalisierung: Prinzip und Hinweise zur Systematik
- Komposita: Grundregel und Fugenelement
- Wiederholung Fragesätze: Satz und Wortfragen

Kommunikative Aspekte

- Lexik: Hochschulstudium Maschinenbau
- Studienordnung, Fächer, Veranstaltungsformen, Modultafeln, Leistungsbewertung
- Verarbeiten von Informationen
- Vergleichen von Informationen
- Recherchieren
- Fragen stellen
- Beschreiben
- Diskutieren
- Berichten
- Kommentieren von Diagrammen, Grafiken, Bildern

- Wortbildung – Nominalisierung von Verben (Suffixe -ung, -er, -ieren)
- Nomina instrumentis und Nomina agentis
- Satzanfänge
- Präpositionen
- Begrifflichkeiten: Unterscheidung Ober- und Unterbegriffe, Alltags- und Fachbegriffe

- Wortschatzarbeit mit Systematisierungen
- Strukturierung von historischen Entwicklungen, Benennung von Innovationen und Wirkungen
- Begriffsbildung
- Definieren
- Verständnissicherung: Zuordnung Text – Bild
- Textsorte Interview

Sprachstrukturelle Aspekte

- Partizip I und II
- Partizipialausdrücke
- Satz- und Wortbildungsmodelle für Gegensätze (während, dagegen)
- Nominalisierung von Verben
- trennbare/nicht trennbare Verben
- Wiederholung – Präpositionen
- Wortverbindungen
- Verkürzungen durch Präpositionalkonstruktionen
- Syntaktische Mittel für Bedingungen

Kommunikative Aspekte

- Auswahllexik Physik
- Fachgebiete der Technischen Mechanik, Grundbegriffe und Abgrenzungen
- Redundante Verben in Physik und Maschinenbau
- Unterscheiden
- Vergleichen
- Diskutieren von Lösungen
- Verbalisierung von Formeln
- präzises Formulieren von Problemlösungen

- Relativsätze: Syntaxregeln und Pronomina
- Verbalisierung von Formeln, Zahlen, Symbolen
- Kontextgebundene Entschlüsselung von Komposita
- Sprachliche Mittel zur Angabe von Funktionen
- Bedeutungsgleiche Sätze mit Nominal- bzw. Verbalkonstruktionen
- Suffixoide (-förmig, -gerecht)
- Partizip I und II
- Syntaktische Formen für die Relation „wenn – dann"

- Internationale Abkürzungen bei der Normierung
- Fehleranalyse
- Mehrsprachige Lexik als Basis zur Benennung von Maschinenelementen
- Maßangaben und Abkürzungen
- Systematisierungen
- Kategorisierungen
- Sprachreflexion – Mix von Deutsch und Englisch im Fach Maschinenbau
- Wortbedeutungen und Kontext
- Erklärungen zur Semantik im fach- und allgemeinsprachlichen Bereich
- Differenzierte Bildbeschreibungen und -vergleiche

Sprachstrukturelle Aspekte

- Reflexiv und Passiv
- Partizip I und Partizip II
- Steigerung von Adjektiven und Adverbien
- Strategien zum Umgang mit Komposita
- Adjektivbildung mit Suffixen
- Adjektivkomposita mit Suffixoiden (-frei, -arm, -reich, -effizient, -mäßig)
- Fachsprachliches Merkmal und Stilmittel: Sprachliche Ökonomie -Verkürzungen
- Textaufbau und Redemittel für Vergleiche
- Systematisierung von im Maschinenbau hochredundanten Verben

Kommunikative Aspekte

- Fachlexik zu Motoren
- Vergleichen
- Bewerten
- Begründen, Argumentieren
- Verbalisierung von Handlungsanweisungen
- Mehrkanalige Aktivierung von Vorwissen
- Erkennen und Wiedergeben von Textlogik
- Strukturieren von Informationen nach verschiedenen Kategorien (z. B. Logik der Reihenfolge, Flussdiagramm, Merkmalslisten, Ordnen von Parallelinformationen, Organizer)

- trennbare und nicht trennbare Verben
- Bedeutung und sprachstrukturelle Ordnung von Präfixen
- Passiversatzformen
- man-Sätze
- Wiederholung Präpositionen
- Funktionsverbgefüge: Prinzip, Syntaktische Komponenten, kontextadäquate Beispiele
- Adjektivkomposita
- Strategien zum Umgang mit Komposita

- Fachlexik Fertigungsverfahren nach DIN 8580
- Fachlexik 3D-Druck
- Absicherung durch Bezüge zu L1 und L2 sowie Englisch
- Synonyme und Redewendungen
- Exakte Beschreibung von Verfahren anhand unterschiedlicher Vorgaben (Schemata, Fotos, Flussdiagramm, Text)
- Hinführung zur Präsentationstechnik

Sprachstrukturelle Aspekte

- Finalsätze
- Transfer von Nebensatzkonstruktionen in Nominalausdrücke
- Wiederholung Systematik Adjektive
- Wiederholung Präpositionen bei verkürzten Sätzen
- Strategien zum Umgang mit Nominalkomposita
- Fachsprachliche Stilmerkmale:
- Komprimierungen
- Unpersönliche Sätze

Kommunikative Aspekte

- Fachlexik der Mechatronik als Kombination interdisziplinärer Ansätze (Mechanik, Informatik, Elektrotechnik)
- Definieren und Abgrenzen von Dimensionsbereichen
- Verbalisieren von Schaubildern für komplexe Prozesse
- Verben zum Umgang mit Daten
- Bildanalyse als Informationsquelle

Kapitel 1

Weg zum/zur Maschinenbau-Ingenieur*in

Zusatzmaterial online

Zusätzliche Informationen sind in der Online-Version dieses Kapitel
(https://doi.org/10.1007/978-3-658-35983-6_1) enthalten.

© Springer Fachmedien Wiesbaden GmbH, ein Teil von Springer Nature 2021
M. Steinmetz und H. Dintera, *Deutsch im Maschinenbau*,
https://doi.org/10.1007/978-3-658-35983-6_1

1.1 Was ist und tut ein*e Maschinenbau-Ingenieur*in?

Aufgabe 1 Welche Wörter im „Textbild" Maschinenbau kennen Sie? Und welche Wortarten erkennen Sie?

Aufgabe 2 Sammeln Sie möglichst viele Beispiele für verschiedene Maschinen. Überlegen Sie: Was tun all diese Maschinen? Was ist ihre Funktion? Gibt es etwas, was bei allen Maschinen gleich ist?

Aufgabe 3 Vergleichen Sie die folgenden Definitionen des Begriffs „Maschine".
Was ist gleich? Was ist unterschiedlich? Schreiben Sie Schlüsselwörter in die Tabelle als Antwort auf die Fragen in der ersten Spalte.

Definition 1 Unter einer Maschine versteht man eine mechanische Vorrichtung zur Übertragung von Kräften. Mit Hilfe von Maschinen kann Muskelkraft eingespart werden. Wenn Maschinen arbeiten, finden Energieumwandlungen statt.
(Wegner, Feldmann, Sommer 1997:1)

Definition 2   Maschine: mechanische, aus beweglichen Teilen bestehende Vorrichtung, die Kraft oder Energie überträgt und mit deren Hilfe bestimmte Arbeiten unter Einsparung menschlicher Arbeitskraft ausgeführt werden können.

(www.duden 2018)

Fragen	Definition 1	Definition 2
Was wird eingespart?		
Was tut die Maschine?		
Was für ein Ding ist eine Maschine?		
Gibt es weitere Infos? Welche?		

1.1.1 Umgangssprachliche Wendungen mit dem Wort „Maschine"

In der alltäglichen Umgangssprache benützt man oft das einfache Wort „Maschine" für ganz unterschiedliche Dinge.

Aufgabe 4   a) Welcher Satz passt zu welchem Bild? Verbinden Sie und schreiben Sie dann den präzisen Begriff der jeweiligen „Maschine" zu dem Bild.

Meine Maschine ist pünktlich am Flughafen Frankfurt gelandet.		Abb.1: © stock.adobe.com – rashadaliev
Du hast aber ein hübsches Kleid an. – Das habe ich selbst genäht, mit der Maschine.		Abb. 2: © stock.adobe.com – Roman Dekan

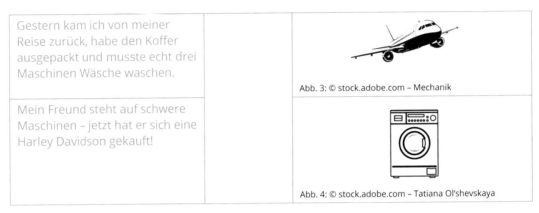

Gestern kam ich von meiner Reise zurück, habe den Koffer ausgepackt und musste echt drei Maschinen Wäsche waschen.		Abb. 3: © stock.adobe.com – Mechanik
Mein Freund steht auf schwere Maschinen – jetzt hat er sich eine Harley Davidson gekauft!		Abb. 4: © stock.adobe.com – Tatiana Ol'shevskaya

b) Und was kann der Satz bedeuten?
Der arbeitet wie eine Maschine!
www.duden 2018

1.1.2 Tätigkeiten mit Maschinen

Aufgabe 5   **a) Welche Formulierungen haben die gleiche Bedeutung? Verbinden Sie.**

eine Maschine bedienen	eine Maschine prüfen, ob sie richtig funktioniert
eine Maschine warten	eine Maschine bauen
eine Maschine testen	eine Maschine benutzen
eine Maschine konstruieren	eine Maschine herstellen
eine Maschine verwenden	eine Maschine für eine Arbeit einsetzen
eine Maschine produzieren	eine Maschine kontrollieren und in Ordnung halten

b) Bilden Sie Sätze mit praktischen Beispielen, wer was mit welcher Maschine tut.

1.1.3 Begriff Maschinenbau

Der Begriff Maschinenbau hat zwei Bedeutungen:
1. das Bauen von Maschinen
2. Lehrfach an einer technischen Hochschule, im dem die Konstruktion von Maschinen gelehrt wird.

Aufgabe 6   **Zu welcher Bedeutung passen die folgenden Wörter? Schreiben Sie die entsprechenden Nummern dazu.**

Konstruktion von Maschinen   (zu)

Studienfach   (zu)

Abb. 5: Im Studiengang Maschinenbau © TU Ilmenau. Foto: Michael Reichel

Aufgabe 7   **Beschreiben Sie das Bild:**

Was sehen Sie im Vordergrund und was im Hintergrund?

Welche Personen sehen Sie?

Welche Maschinen, Apparaturen und technischen Geräte erkennen Sie?

In welchem Studiengang befinden sich die Beteiligten vermutlich?

Was könnten die Personen sagen?

1.1.4 Was macht ein*e Ingenieur*in (nicht nur) im Fach Maschinenbau?

1. Theoretische Aufgaben:
   - Konzipieren, Entwickeln, Erforschen, Analysieren bestehender oder neuer Produkte
2. Praktische Umsetzung:
   - Produktion und Konstruktion von verschiedensten Technologien, Produkten und Dienstleistungen
   - Montage/Demontage und Inbetriebnahme von Maschinen und Bauwerken
3. Ökonomische Arbeiten:
   - Planung einer Produktion, qualitative und wirtschaftliche Organisation
   - Koordination und Kontrolle im Bereich des Controllings

www.tu-ilmenau.de

Aufgabe 8 **Nennen Sie konkrete Beispiele und schreiben Sie einfache Sätze nach dem Modell:**
Ein*e Maschinenbauingenieur*in entwickelt …

Fokus Sprache 1: Nominalisierung

Aus Verben kann man Nomina bilden und umgekehrt. Der kurze Text „Was macht ein Ingenieur …?" enthält viele Beispiele für nominalisierte Verben.

Aufgabe 9 **a) Schreiben Sie die passenden Verben in die erste Spalte. Kennen Sie andere verwandte Wörter? Dann füllen Sie die dritte Spalte aus.**

Verb	Nominalisierte Form = Nomen/Substantiv	Verwandte Wörter
planen	die Planung	-r Stundenplan
	das Konzipieren	
	die Umsetzung	
	die Koordination	
	das Entwickeln	

	das Organisieren	
	die Leistung	
	die Kontrolle	
	die Produktion	
	die Montage	
	die Demontage	
	das Erforschen	
	das Analysieren	

b) Modellwechsel: Welches Nomen entspricht dieser Verbkonstruktion?

Verb	Nominalisierte Form
in Betrieb nehmen	die

Aufgabe 10 Wählen Sie zwei Kompetenzen aus der folgenden Liste und sammeln Sie möglichst viele Wörter und Beispiele, die dazu passen. Erstellen Sie eine Grafik oder Skizze und präsentieren Sie Ihre Ergebnisse im Plenum.

1.1.5 Voraussetzungen und Kompetenzen eines Ingenieurs

- Fachliche Kompetenzen
- Analytisches Denken
- Technisches Fachwissen
- Gute Englischkenntnisse
- Interesse an Technik und Naturwissenschaften
- Kreativität
- Innovationsfähigkeit
- Teamfähigkeit
- Verantwortungsbewusstsein
- Kommunikationsfähigkeit

Fokus Sprache 2: Nominalisierung – Hinweise zur Systematik

Nominalisierung im Deutschen bedeutet, dass man aus einem Verb ein Nomen bilden kann. Nominalisierte Formen sind in technischen Texten extrem häufig, deshalb muss man sie kennen und verstehen.

1. Die einfachste Form ist die nominalisierte Form des Infinitivs: rechnen – das Rechnen, schlafen – das Schlafen, lachen – das Lachen, studieren – das Studieren, essen – das Essen, bauen – das Bauen usw.

Grammatik-Tipp   Diese Nomina mit der Endung –en sind immer neutral!

2. Sehr häufig ist die nominalisierte Form mit der Endung –ung: entwickeln – die Entwicklung, übertragen – die Übertragung, wirken – die Wirkung, berechnen – die Berechnung, überweisen – die Überweisung usw.

Grammatik-Tipp   Diese Nomina mit der Endung –ung sind immer feminin!

3. Ebenfalls häufig sind Formen mit der Endung –ion oder –tion: realisieren – die Realisation, produzieren – die Produktion, informieren – die Information, konstruieren – die Konstruktion, dividieren – die Division usw.

Grammatik-Tipp   Diese Nomina mit der Endung –(t)ion sind immer feminin!

Aufgabe 11   Suchen Sie möglichst viele Beispiele zu diesen drei Varianten. Notieren Sie zunächst Wörter (mit Artikel!), die Sie kennen. Suchen Sie dann auch in Texten zu verschiedenen Themen, z. B. bei www.wikipedia zu den Schlagworten:

• -r Maschinenbau	• -r Klimawandel
• -r Server	• -e Wettervorhersage
• -e Energie	• -s Wetterradar
• -r Sensor	• -s Recycling
• -e Produktion	• -e Globalisierung

1.2 Ausbildungsmodell an der TU Ilmenau

1.2.1 Kurzbeschreibung des Faches Maschinenbau an der TU Ilmenau

Aufgabe 12 **Ordnen Sie den Textabschnitten die passende Überschrift zu.**
Studienabschlüsse
Informationstechnik und klassischer Maschinenbau
Umsetzung von Physik in Technik und Produktkreislauf
Typisches Technikfach
Weites Spektrum: Produkte und Anlagen
Spezifik im Fächerangebot

Typisches Technikfach

Der Maschinenbau ist durch seine Kombination von Grundlagenforschung und Entwicklung von Fertigungsverfahren (auch Produktionsverfahren) ein typisches Fach der Technik.

Er setzt physikalische Gesetzmäßigkeiten für die Entwicklung technischer Produkte und Anlagen um und umfasst den ganzen Produktkreislauf von Forschung und Entwicklung über Entwurf, Kalkulation, Konstruktion, Produktion, Wartung und Betrieb bis hin zur Entsorgung.

Das Spektrum der Produkte und Anlagen reicht vom einzelnen Maschinenelement über Maschinen bis hin zu Fertigungsstraßen und ganze Fabriken größter Komplexität.

Der Schwerpunkt des Maschinenbaustudiums an der TU Ilmenau liegt auf solchen Komponenten und Systemen, bei denen informationstechnische Funktionen wesentlich sind. Gleichzeitig wird in der Lehre die gesamte Breite des maschinenbaulichen Spektrums behandelt.

Die spezifische Ausrichtung zeigt sich besonders in den Fächern Präzisionstechnik und –technologien, Mechatronik, Optik und Lichttechnik, Mess-, Sensor- und Antriebstechnik, Nanotechnik, Konstruktionstechnik, Fabrikbetrieb, Arbeitswissenschaft, Fertigungstechnik und Werkstofftechnik. Sie stellen in ihrer Kombination ein Alleinstellungsmerkmal der Maschinenbauausbildung an der TU Ilmenau dar.

Ein erfolgreiches Studium führt zum berufsqualifizierenden Abschluss „Bachelor of Science". Es qualifiziert für das aufbauende Master-Studium. Seit dem Wintersemester 2017/18 wird Maschinenbau auch als zehnsemestriger Studiengang mit dem Abschluss Diplom-Ingenieur angeboten.

www.tu-ilmenau.de/studieninteressierte/studienangebot/bachelor/maschinenbau

Aufgabe 13 **Suchen Sie im Text „Kurzbeschreibung des Faches Maschinenbau an der TU Ilmenau" die Begriffe für folgende Worterklärungen.**

Begriffe aus dem Text	Worterklärungen
Kombination	Verbindung zu einer Einheit, Zusammenfügung, Verknüpfung
	Forschung, die sich mit den allgemeinen theoretischen Grundlagen einer Wissenschaft befasst (und nicht mit ihrer praktischen Anwendung)
	Methode und Verfahren der technischen Herstellung
	Beseitigung, Entfernung von (giftigem oder schädlichem) Müll, von Resten, von verbrauchten Materialien
	die Gesamtheit vieler unterschiedlicher Dinge, Faktoren und Aspekte, die Vielfalt, der Umfang, die Variationsbreite

	interdisziplinäre Verknüpfung von Mechanik, Elektro- und Informationstechnik
	eine Besonderheit, ein charakteristisches Merkmal

Abb. 6: Präsentation einer Drohne © TU Ilmenau. Foto: Michael Reichel

Aufgabe 14   **Beantworten Sie die folgenden Fragen mit Hilfe des Kurztextes über den Studienablauf.**

1. Welche Abschlüsse kann man erreichen?

_____

_____

_____

2. Welche Studienzeiten sind vorgesehen?

_____

_____

_____

3. Was bedeutet hier das Wort „konsekutiv"?

_____

_____

4. Welche Praktika sind obligatorisch?

_____

_____

1.2.2 Kurztext Studienablauf

Ablauf der konsekutiven Bachelor- und Master-studiengänge an der Fakultät für Maschinenbau der TU Ilmenau:

Dauer des Studiums

Bachelor   7 Semester (einschließlich berufspraktischer Ausbildung

Master   3 Semester

Konsekutives Bachelor-/ Masterstudium = 10 Semester

Abschlüsse

Der Abschluss als Master of Science ist der universitäre Regelabschluss und berechtigt zur Promotion. Der Masterabschluss verleiht die gleichen Berechtigungen wie der Abschluss „Diplom-Ingenieur der TU Ilmenau".

Praktika

Eine berufspraktische Ausbildung ist obligatorischer Bestandteil des Bachelorstudiums. Sie gliedert sich in ein _Grundpraktikum_ (8 Wochen) und ein _Fachpraktikum_ (12 Wochen).

Aufgabe 15   Beschreiben Sie die Grafik über den Aufbau des Studiums. Sie können dabei die folgenden Redemittel verwenden.

Redemittel
- Der ... Studiengang umfasst/dauert ...
- Am Anfang steht ein ...
- In den ersten 3 Semestern findet ... statt
- Für einen erfolgreichen Abschluss ...
- Leistungspunkte (LP) erreichen
- Im letzten Semester ...
- Praktika sind in den Studiengang integriert, nämlich ...

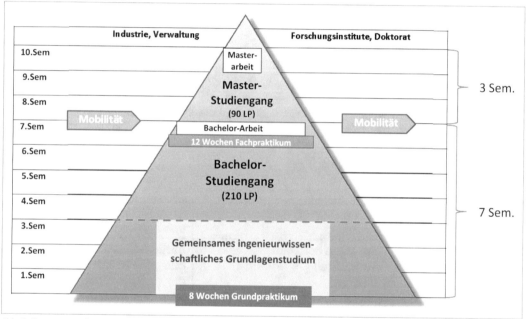

Abb. 7: Flyer zum Studiengang Maschinenbau. © TU Ilmenau

1.2.3 Inhalte des BA-Studiums

Aufgabe 16   a) Beschreiben Sie die folgende Grafik und verwenden Sie dabei die Verben und Redemittel aus der Tabelle:

(siehe Grafik und Tabelle auf der nächsten Seite)

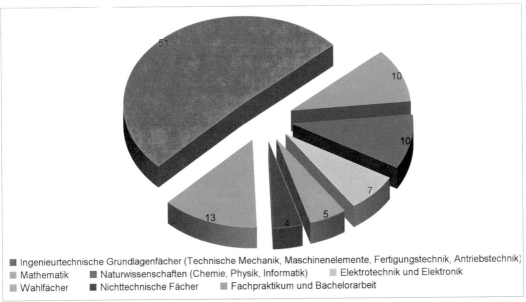

■ Ingenieurtechnische Grundlagenfächer (Technische Mechanik, Maschinenelemente, Fertigungstechnik, Antriebstechnik)
■ Mathematik   ■ Naturwissenschaften (Chemie, Physik, Informatik)   ■ Elektrotechnik und Elektronik
■ Wahlfächer   ■ Nichttechnische Fächer   ■ Fachpraktikum und Bachelorarbeit

Abb. 8: Studieninhalte – Angaben in %. Grafik: Heiner Dintera

Verben zur Angabe von Zahlen	Redemittel zum Vergleichen von Zahlen
auf etwas kommen ausmachen betragen bestehen aus entfallen auf umfassen	besonders wichtig/zentral sein den größten Anteil, nämlich … der geringste Anteil … ungefähr gleich an erster/zweiter/letzter Stelle stehen ähnlich verhält es sich mit …

b) Vergleichen Sie die Grafik über die prozentuale Verteilung der Inhalte des BA-Studiums an der TU Ilmenau mit Ihrem eigenen Studium.

Aufgabe 17   **Setzen Sie die richtigen Präpositionen in die Lücken ein.**

als, auf (2x), aus (2x), dafür, dazu, für, zu

Mehr _____ die Hälfte des BA-Studiums besteht inhaltlich _____ ingenieurtechnischen Grundlagenfächern. Beispiele _____ sind Mechanik, Fertigungstechnik oder Prozessplanung. Auch das Fach

Maschinenelemente gehört _____ . Zusammen machen die Grundlagenfächer 51 Prozent der Studieninhalte ____ . ____ ihnen zählt auch die Werkstoffkunde. Elektrotechnik und Elektronik kommen _____ 7 Prozent. Nichttechnische und Wahlfächer kommen zusammen nur ____ 9 Prozent. Eine berufspraktische Ausbildung ist ____ das Studium integriert.

Aufgabe 18 **Recherchieren Sie auf der Homepage der Maschinenbaufakultät nach weiteren Informationen und berichten Sie.**
www.tu-ilmenau.de/studieninteressierte/studienangebot/bachelor

1. Was wissen Sie über die Praktika?
2. Welche Berufsmöglichkeiten bieten sich an? Was interessiert Sie besonders? Warum?
3. Wo und wie kann man sich weiter beraten lassen?

Fokus Sprache 3: Grammatikwiederholung – Richtig fragen

Wer sich gut informieren will, muss die richtigen Fragen stellen können. Dazu braucht man einerseits die richtigen *Wörter* und andererseits die korrekte Grammatik für präzise *Fragesätze*. Sie erinnern sich an die zwei *Satztypen* für Fragesätze im Deutschen?

Typ	Satztyp 1	Satztyp 2
Beispielsätze	*Gibt* es die Möglichkeit für einen Doppelmaster?	*Wann* beginnt das normale BA-Studium?
Struktur	Satzfrage	Wortfrage
Funktion	Entscheidungsfrage	Ergänzungsfrage
Grammatik	Inversion = finites Verb am Anfang des Satzes	Fragewörter = w-Wörter

Auf *Entscheidungsfragen* (Satzfragen) kann man (meist) mit *Ja* oder *Nein* antworten. Bei *Ergänzungsfragen* (Wortfragen) will man Informationen über *bestimmte Sachverhalte* (Personen, Sachen, Ort, Zeit, Grund, Eigenschaften usw.) bekommen. Also:

Fragesatztyp 1: Kennst du das Vorlesungsskript zu „Analysis I" von Prof. Y.?

Fragesatztyp 2: Um wieviel Uhr beginnt das Online-Seminar von Professor X.?

Aufgabe 19

Wechselspiel 1   Spielregel:

Zwei Lernpartner*innen arbeiten zusammen. Lernpartner*in A beginnt. Stellen Sie Lernpartner*in B die 1. Frage und notieren Sie die Antwort daneben in die freie Spalte. Dann ist Lernpartner*in B dran, stellt die nächste Frage und A gibt die Antwort, B notiert sie usw. – Fragen und Antworten immer im Wechsel.

*Partner*in A*

	Fragen	Antworten
1.	Welcher Abschluss wird als 1. Stufe im Fach Maschinenbau angeboten?	
2.	–	zu 2. Nein, Zulassungsbeschränkungen gibt es nicht.
3.	Wie lange dauert die Regelstudienzeit?	
4.	–	zu 4. Der Studienbeginn ist immer am 1. Oktober.
5.	Wie lange dauert das Grundpraktikum?	
6.	–	zu 6. Man braucht 210 Leistungspunkte.
7.	In welcher Sprache findet die Lehre statt?	
8.	–	zu 8. Die Bewerbungsfrist dauert jedes Jahr vom 16.5. bis zum 10.10. und vom 16.1. bis zum 15.7.

*Partner*in B*

	Fragen	Antworten
1.	–	zu 1. Der Abschluss ist der Bachelor of Science.
2.	Gibt es Zulassungsbeschränkungen?	
3.	–	zu 3. Die Regelstudienzeit dauert 7 Semester.
4.	Wann ist der Studienbeginn?	
5.	–	zu 5. Das Grundpraktikum dauert 8 Wochen.
6.	Wieviele Leistungspunkte (LP) braucht man für den Abschluss?	
7.	–	zu 7. Die Lehrsprache ist Deutsch.
8.	In welchem Zeitraum müssen sich Internationale Studierende bewerben?	

Aufgabe 20 Öffnen Sie noch einmal die Homepage der TU Ilmenau für das Fach Maschinenbau und schreiben Sie korrekte Fragesätze zu wichtigen Informationen. Es sollten mindestens fünf Satzfragen und zehn Wortfragen werden!

1.2.4 Was sind Module beim Bachelor Studium?

Aufgabe 21 Übertragen Sie die Infos aus dem Text in Stichworten in die Tabellen A/B

Der Bachelor ist in Module unterteilt: Ein Modul ist ein thematisch zusammenhängender Veranstaltungsblock mit verschiedenen Lehrveranstaltungen (Seminare, Vorlesungen, Übungen etc.), die sich teilweise sogar über mehrere Semester erstrecken. Abgeschlossen wird ein Modul in der Regel (Abkürzung: i.d.R.) mit einer Prüfung oder Seminararbeit. Pflichtmodule müssen absolviert werden. Bei Wahl- und Wahlpflichtmodulen haben die Studierenden eine gewisse Wahlfreiheit.

Nach www.bildungsdoc.de

Tabelle A) Module

Definition	
Dauer	
Abschluss	
Pflichtmodul	
Wahlmodul	
Wahlpflichtmodul	

1.2.5 Lehrveranstaltungen

Vorlesungen: Halten i.d.R. Professoren und die Studenten schreiben mit. Vorlesungen geben einen Überblick über ein Thema. Für Vorlesungen gibt es i.d.R. keine Anmeldepflicht für Studenten.
Seminare, Übungen, Tutorien: Der Vorlesungsstoff wird dabei vertieft. Die Seminare sollen die Studenten selbst mitgestalten. Sie arbeiten sich in die Literatur zum Thema ein, erarbeiten Diskussionsfragen und Thesen oder halten Referate, die sie allein oder in Arbeitsgruppen vorbereitet haben. Für Seminare muss man sich

wegen der begrenzten Teilnehmerzahl oft schon vor Semesterbeginn einschreiben. Bei Hochschulen mit vielen Studenten ist der Andrang sehr groß. Deshalb muss man sich rechtzeitig um einen Platz bemühen. Sonst kann es passieren, dass man ein ganzes Jahr lang wartet. Tutorien dienen der Nachbereitung von Seminaren oder Vorlesungen.
Nach www.bildungsdoc.de

Tabelle B) Lehrveranstaltungen

Merkmale	Vorlesung	Seminar, Übung, Tutorium
Aktivitäten der Professoren		
Aktivitäten der Studierenden		
Zweck		
Teilnehmerzahl		
Anmeldung		

1.2.6 Wie werden Studienleistungen bewertet? Was sind Credit Points?

Aufgabe 22 Schreiben Sie fünf Fragen über das Bewertungssystem von Studienleistungen auf, die Ihr Lernpartner mit den Infos aus dem Text beantworten muss. – Tauschen Sie dann die Rollen: Ihr*e Partner*in stellt Ihnen fünf Fragen, und Sie antworten.

Je nach Fach und Thema in Klausuren, Seminararbeiten, schriftlichen oder mündlichen Prüfungen und oft auch in studentischen Projekten gibt es Noten von „1" bis „5". Alles was schlechter als „4,1" ist, gilt als nicht bestanden. Die Noten aller Module ergeben eine Gesamtnote, die mit der Note der Bachelorarbeit auf dem Studienabschluss steht. Zusätzlich zu den Noten im einzelnen Fach gibt es sogenannte Leistungspunkte (LP) oder Credit Points (CP), die den Arbeitsaufwand für das jeweilige Modul, mit Vor- und Nachbereitung, widerspiegeln. Ein Credit Point entspricht 25–30 Stunden Arbeitszeit und wird nach ECTS (European Credit Transfer and Accumulation System) bewertet. Pro Semester kann man ca. 30 Credit Points sammeln. In der Studienordnung steht, wie viele Credit Points man benötigt, um zur Bachelorarbeit zugelassen zu werden. ECTS-Noten und Credit Points sollen die Leistungen europaweit vergleichbar machen.

Nach www.bildungsdoc.de und www.zeit.de/studienfuehrer

Aufgabe 23	Suchen Sie die acht Begriffe, die in dem Silbenrätsel versteckt sind.

Ar Ar ab ar auf be beit beits beits den di en Ge Klau jekt mi nar no Pro schluss samt Se stan Stu sur te wand zeit

Aufgabe 24	Ergänzen Sie die Sätze mit den richtigen Begriffen.

a) Eine erfolgreiche Prüfung ist _____

b) Einzelne Noten gibt es für _____

c) Auf dem Studienabschlusszeugnis stehen _____

d) Ein Credit Point entspricht etwa _____

e) Pro Semester kann man etwa _____

Aufgabe 25	Schreiben Sie die deutschen Entsprechungen für die englischen Bezeichnungen der Module im BA-Studium Maschinenbau. Und wie heißt das in Ihrer Muttersprache?

Module auf Deutsch	auf Englisch	Muttersprache
	Mathematics	
	Natural Sciences	
	Informatics	
	Electrical Engineering	
	Electronics	
	Systems Technology	
	Machine Elements	
	Technical Mechanics	
	Materials	
	Production Techniques or Production Processes	

Module auf Deutsch	auf Englisch	Muttersprache
	Fluidmechanics and Thermo-dynamics	
	Technical Optics and Lighting Technology	
	Product Development	
	Precision Engineering	
	Measurement and Sensor Technology	
	Microcomputer Technology	
	Drives and Mechanisms	
	Production Engineering	
	Manufacturing Engineering	
	Nontechnically Subjects	
	Studium generale	
	Foreign Language	

Fokus Sprache 4: Komposita – eine Besonderheit der deutschen Sprache

Grammatik-Tipp Ein besonderes Merkmal der deutschen Sprache ist ihre (fast) unendliche Möglichkeit zur Bildung von *Komposita*. Komposita sind *zusammengesetzte Wörter* oder Wortzusammensetzungen; sie können *aus verschiedenen Wortarten* gebildet werden, z. B.:

Kombination von Wortarten	Beispiele
Nomen + Nomen	das Produkt + die Entwicklung → die Produktentwicklung der Tee + die Tasse → die Teetasse
Nomen + Nomen + Nomen	die Maschine + der Bau + der Professor → der Maschinenbauprofessor

Nomen + Adjektiv	die Sonne + gelb → sonnengelb
Adjektiv + Nomen	klein + das Geld → das Kleingeld
Verb + Nomen	fahren + das Zeug → das Fahrzeug

Es gibt noch viel mehr mögliche Kombinationen. Wissen Sie die wichtigste Regel?

Aufgabe 26 **Dann ergänzen Sie die fehlenden Wörter:**

Nominalkomposita bestehen aus einem Grundwort und einem oder mehreren Bestimmungswörtern. Das Grundwort steht am _____ und bestimmt den _____ des ganzen Wortes.

Beispiele

Bestimmungswort	Grundwort	Kompositum
das System	*die* Technik	*die* Systemtechnik
die Informatik	*der* Kurs	*der* Informatikkurs

Aufgabe 27 **Tragen Sie die richtigen Artikel ein.**

Bestimmungswort	Grundwort	Kompositum
_____ Kunststoff +	_____ Verarbeitung →	_____ Kunststoffverarbeitung
_____ Sensor +	_____ Technik →	_____ Sensortechnik
_____ Modul +	_____ Tafel →	_____ Modultafel
_____ Prozess +	_____ Planung →	_____ Prozessplanung
_____ Wahl +	_____ Fach →	_____ Wahlfach
_____ Praktikum +	_____ Platz →	_____ Praktikumsplatz
_____ Information +	_____ Zentrum →	_____ Informationszentrum

Grammatik-Tipp Manchmal wird zwischen die Wörter ein sog. Fugenelement eingesetzt, damit man sie leichter aussprechen kann. Solche Fugenelemente sind -s, -n, -en. Am häufigsten ist das „Fugen-s". Leider gibt es keine exakten Regeln für alle Möglichkeiten, aber :

Nach den Endungen –heit, -keit, -tion, -ion, -ling, -schaft, -tat, -tum, -ung steht immer ein „Fugen-s"!

z. B.: Information-s-veranstaltung, Fertigung-s-technik, Qualität-s-sicherung

Aufgabe 28 **Öffnen Sie die Modultafeln der TU Ilmenau für den Bachelor Maschinenbau. Hier sind alle Module/Fächer aufgelistet.**

Wieviele Komposita mit Fugen-s sind in dieser Liste? Schreiben Sie diese Wörter auf.

1.2.7 Modultafeln der TU Ilmenau

Um die Modultafeln der TU Ilmenau richtig zu lesen, muss man zuerst die *Legende* am Ende der Liste verstehen. Normalerweise gehört eine Legende zu einer Landkarte; sie *erklärt* die auf der Landkarte verwendeten Symbole, Farben, Abkürzungen usw., die man *zum Verständnis* der Karte benötigt. Die Legende zu den Modultafeln enthält nur Buchstaben als *Abkürzungen*.

Aufgabe 29 **Schreiben Sie das richtige Wort und die entsprechende Abkürzung in die Tabelle mit den Erklärungen.**

Erklärung	Wort	Abkürzung
Zum Abschluss eines Moduls werden die erreichten Leistungspunkte der einzelnen Fächer zusammengezählt.	*Modulprüfung*	*MP*
Für jede Leistung können die Studierenden Punkte bekommen.		
Es gibt verschiedene Formen, eine Prüfung mit Erfolg zu bestehen: Entweder man schreibt eine Prüfung ...		
... oder man führt ein Prüfungsgespräch ...		
... oder man macht etwas ganz anderes (z. B. ein Projekt, eine praktische Arbeit, eine Berechnung, eine Grafik etc.)		
Ein Test, in dem man zu vielen Fragen die richtigen Antworten auswählen und ankreuzen muss		
Eine Lehrveranstaltung in einem Hörsaal der Universität, wobei der Professor/Dozent einen Vortrag hält und die Studierenden zuhören		
Eine Lehrveranstaltung außerhalb der Universität, bei der es um berufliche Praxis geht		

Eine Lehrveranstaltung in der Universität, in der man diskutiert, rechnet, übt, Aufgaben löst und Fragen stellt		
Die Benotung einer Leistung, entsprechend dem Studienplan		
Zum Abschluss des Bachelorstudiums schreibt man eine BA-Arbeit		
Zum Abschluss des Masterstudiums schreibt man eine M-Arbeit		
Zum Abschluss des Diplomstudiums schreibt man eine Diplom-Arbeit		

1.2.8 Namen bedeutender Wissenschaftler und Erfinder

Abb. 9: Der Humboldtbau auf dem Campus der TU Ilmenau. © TU Ilmenau. Foto: Michael Reichel

Die Gebäude der TU Ilmenau haben keine Nummern, sondern tragen die Namen von Wissenschaftlern und Erfindern wie z. B. Humboldt oder Leonardo da Vinci.

Aufgabe 30 **Kennen Sie diese Wissenschaftler? Lesen Sie die Kurzbiografien von Erfindern und Entdeckern. Ordnen Sie dann die Persönlichkeit dem nach ihr benannten Gebäude der TU Ilmenau zu und finden Sie die vollständigen Namen heraus.**

Kurzbiografien berühmter Wissenschaftler*innen und Erfinder*innen	
 (1791 – 1867)	1. Seine Entdeckungen der elektromagnetischen Rotation und der elektromagnetischen Induktion legten den Grundstein zur Herausbildung der Elektroindustrie. Der englische Naturforscher galt als einer der bedeutendsten Experimentalphysiker und chemischen Analytiker seiner Zeit.
 (1910 – 1995)	2. Der deutsche Bauingenieur und Unternehmer baute 1941 den ersten funktionstüchtigen, vollautomatischen, programmgesteuerten und frei programmierbaren, in binärer Gleitkommarechnung arbeitenden Rechner und somit den ersten funktionsfähigen Computer der Welt. Sein Z3 befindet sich im Technikmuseum in Berlin und ist so groß wie ein Zimmer.
 (1787 – 1826)	3. Seine hervorragendste Leistung besteht in der Verbindung von exakter wissenschaftlicher Arbeit und deren praktischer Anwendung für neue innovative Produkte. Nach dem deutschen Optiker und Physiker wurde ein farbreiner Objektivtyp benannt; er begründete am Anfang des 19. Jahrhunderts den wissenschaftlichen Fernrohrbau.
 (1867 – 1934)	4. Als erster Mensch erhielt sie den Nobelpreis in zwei Disziplinen (Physik 1903 und Chemie 1911). Die polnische Physikerin wirkte in Frankreich. Sie untersuchte die von Henri Becquerel beobachtete Strahlung von Uranverbindungen und prägte dafür den Begriff radioaktiv. Das von ihr entdeckte Element Polonium wurde auf ihren Wunsch nach ihrem Heimatland benannt.

5. Seine Entdeckung revolutionierte die medizinische Diagnostik und führte zu weiteren wichtigen Erkenntnissen des 20. Jahrhunderts, z. B. der Erforschung der Radioaktivität. Der Physiker erhielt 1901 als erster Deutscher einen Nobelpreis für Physik für die 1895 von ihm entdeckten und nach ihm benannten Strahlen.

(1845 – 1923)

6. In der Sprache seiner Zeit wurden Philosophie, Naturwissenschaft und Theologie noch nicht getrennt. So gehört der englische Philosoph zu den bedeutendsten Naturwissenschaftlern der Menschheit. Das von ihm geprägte naturwissenschaftliche Weltbild war für mehr als zwei Jahrhunderte gültig. Er leistete grundlegende Beiträge zur Mechanik, Optik, Chemie, Astronomie und Mathematik.

(1642 – 1727)

7. Gemeinsam lieferte sie 1939 mit Otto Robert Frisch die erste physikalisch-theoretische Erklärung der Kernspaltung. Die österreichisch-schwedische Kernphysikerin war eine Kollegin von Otto Hahn, der die Kernspaltung entdeckt und radiochemisch nachgewiesen hatte.

(1878 – 1968)

8. Er war ein US-amerikanischer Physiker und Nobelpreisträger des Jahres 1965 und gilt als einer der großen Physiker des 20. Jahrhunderts, da er wesentliche Beiträge zum Verständnis der Quantenfeldtheorien geliefert hat. Für ihn war es immer wichtig, die unanschaulichen Gesetzmäßigkeiten der Quantenphysik Laien und Studierenden nahezubringen und verständlich zu machen.

(1818 – 1888)

Abb. 10: Alle Fotos und Kurzbiographien stammen aus einem privat erstellten Quiz. Kontakt: Heiner Dintera

Gebäude der TU Ilmenau	Kurzbio-grafie Nr.
a) Das älteste Gebäude der Universität, der Curiebau, ist heute der Sitz von Fachgebieten der Fakultät für Mathematik und Naturwissenschaften und beherbergt Laboratorien sowie eine mathematisch-naturwissenschaftliche Fachbibliothek.	
b) Das Thüringer Innovationszentrum Mobilität (ThIMo), das Zentrum für Innovationskompetenz MacroNano, zahlreiche Mess- und Prüflabore, Reinräume sowie 37 Büroeinheiten befinden sich im modernen Meitnerbau.	
c) Das Fraunhofer Insitut für Digitale Medientechnologie (IDTM) beherbergt Büro-, Labor- und Spezialräume, darunter ein 100 qm großer schalltoter Raum zur Durchführung präziser akustischer Messungen und Hör-Tests, ein 3 D-Präsentationsraum zur Weiterentwicklung von audiovisuellen Systemen und ein fest installiertes IOSONO®-Soundsystem.	
d) Auf dem Stadtcampus liegt ein saniertes historisches Gebäude mit angrenzendem Neubau, der Faradaybau. Dort ist die Fakultät für Mathematik und Naturwissenschaften untergebracht.	
e) Die Fakultät für Informatik und Automatisierung und die Institute für Automatisierungs- und Systemtechnik, Theoretische und Praktische Informatik sowie Medieninformatik sind im Zusebau untergebracht.	
f) 40 Fachgebiete und Nachwuchsforschergruppen arbeiten im ZMN interdisziplinär zusammen, von der Grundlagenforschung bis zur Anwendung der Mikro- und Nanotechnologien. Das Zentrum für Mikro- und Nanotechnologien (ZMN) befindet sich im Feynmanbau.	
g) Das Laborgebäude dient der praxisnahen Ausbildung und Forschung im Maschinenbau, besonders in den Fachgebieten Fahrzeug- und Feinwerktechnik, Qualitätssicherung und Fabrikbetrieb. In der Projekthalle des Newtonbaus steht ein multivalenter Prüfstand „Bremsen- und Fahrwerkstechnik".	
h) Der moderne Neubau ist mit einem Experimentalhörsaal für Physik und Chemie ausgestattet, dessen Akustiksegel an der Decke es ermöglicht, auch ohne Mikrofon Vorlesungen zu halten. Vorbereitungs- und Sammlungsräume sowie eine Cafeteria komplettieren die Ausstattung des Röntgenbaus.	

Literatur

Links

- https://www.zeit.de/studium/studienfuehrer-2010/studium-bachelor-leitfaden/seite-3 (Zuletzt aufgerufen am 16.4.2021)
- www.bildungsdoc.de (Zuletzt aufgerufen am 16.4.2021)
- www.tu-ilmenau.de/studieninteressierte/studienangebot/bachelor (Zuletzt aufgerufen am 16.4.2021)

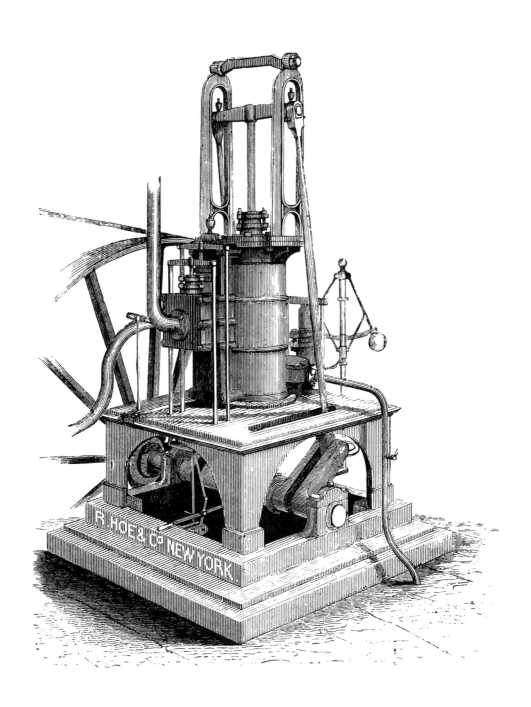

Kapitel 2
Geschichte des Maschinenbaus

Zusatzmaterial online

Zusätzliche Informationen sind in der Online-Version dieses Kapitel (https://doi.org/10.1007/978-3-658-35983-6_2) enthalten.

2.1 Historische Entwicklungen im Maschinenbau

Aufgabe 1   Welches Bild passt zu welchem Abschnitt des Textes „Zur historischen Entwicklung des Maschinenbaus"?

Bild 1 zu _____

Bild 2 zu _____

Bild 3 zu _____

Bild 4 zu _____

Bild 5 zu _____

Bild 6 zu _____

Bild 7 zu _____

Bild 8 zu _____

Abb. 1 – 8: Einzelne Benennungen vgl. Bilderliste © Adobe Stocks

Zur historischen Entwicklung des Maschinenbaus

1. Der Maschinenbau als Wissenschaft, die an Bildungsinstitutionen gelehrt und gelernt wird, entstand im Laufe der Industrialisierung. Manche theoretischen und praktischen Erkenntnisse sind jedoch viel älter: Die ersten Vorläufer der Fertigungstechnik sind so alt wie die Menschheit. Schon in der Steinzeit benutzten die Menschen Faustkeile als Werkzeug.

2. Seit der Entdeckung des Kupfers spricht man von Bronzezeit, das war die Epoche, in der das Schmelzen von Kupfererz, das Schmieden und das Gießen bekannt wurde. Bereits in der Bronzezeit gab es Schulen, in denen Ingenieure im Lesen, Schreiben und Rechnen ausgebildet wurden. Wichtige Entdeckungen waren das Rad und die Schiefe Ebene.

3. In der griechischen Antike wurde die Mechanik als wichtige theoretische Grundlage vieler heutiger Ingenieurwissenschaften begründet. Archimedes und andere veröffentlichten Texte über Hebel, Schraube, Schiefe Ebene, Seil, Flaschenzug und weitere Erfindungen. Es wurden systematische Experimente gemacht, z.B. zur Verbesserung von Wurfmaschinen (Katapulte). Für das griechische Theater wurden bereits erste Automaten gebaut, die sich selbständig bewegen konnten.

4. Im Mittelalter breiteten sich die Wind- und Wassermühlen über ganz Europa aus und wurden zur wichtigsten Energiequelle. Die Mühlenbauer sammelten viele Erfahrungen mit den Wind- und Wasserrädern, Getrieben und mechanischer Übertragung (Transmissionen).

5. In der Renaissance skizzierte Leonardo da Vinci viele Maschinen, die aber ihrer Zeit voraus waren, selten gebaut wurden und eher phantastisch als real blieben.

6. Zu Beginn des 18. Jahrhunderts wurde in England die erste funktionsfähige Dampfmaschine gebaut. Sie verbreitete sich schnell und wurde vielfach zum Antrieb der neuen Spinn- und Webmaschinen eingesetzt. Neben Tischlern, Feinmechanikern und Schmieden waren es vor allem Mühlenbauer, die diese Maschinen bauten; sie gelten daher als Vorläufer der Maschinenbauer. Zum Bau der Dampf- und Textilmaschinen nutzte man auch die neuen Werkzeugmaschinen, die ebenfalls mit Dampfmaschinen angetrieben wurden.

7. In Deutschland entstanden viele Polytechnische Schulen, die im Lauf des Jahrhunderts zu Technischen Hochschulen wurden. Durch die theoretischen Erkenntnisse wurde die Entwicklung des

Maschinenbaus für die praktische Produktion beschleunigt: Im industriellen Maschinenbau am Fließband produzierte man erst vor allem Nähmaschinen und Fahrräder, später dann Autos und Flugzeuge.

8. Durch die Digitalisierung und Entwicklung der Informationstechniken ändert sich auch das Fach Maschinenbau. In der Gegenwart spielen Information und Kommunikation für die gesamte Produktions- und Arbeitswelt eine immer größere Rolle.

9. Zusammenfassend lässt sich sagen: Das wissenschaftliche Fach Maschinenbau hat sich in Europa seit dem 18. Jahrhundert in enger Verbindung mit der Industrialisierung etabliert. Jedoch sind in dieses Fach Wissen, Erfahrungen und handwerkliches Können aus Jahrtausenden der Menschheitsgeschichte eingeflossen.

(Nach: Wikipedia – Maschinenbau als institutionalisierte Wissenschaft)

Aufgabe 2　**a) Suchen Sie passende Informationen aus dem Text und tragen Sie diese als Stichwörter in die Tabelle ein.**

1. Werkzeuge

Bezeichnung	Zeit: wann?

2. Wichtige Entdeckungen und Vorläufer von Maschinen

Bezeichnung	Zeit: wann?

3. Handwerkliche Berufe

4. Wichtige Personen

Name	Zeit: wann? Ort: wo?

5. Bildungsinstitutionen

Bezeichnung	Zeit: wann? Ort: wo?

6. Für den Maschinenbau wichtige Fächer

7. Maschinen

Bezeichnung	Zeit: wann?

b) Vervollständigen Sie die Sätze mit Begriffen aus dem Text, aber auch aus anderen Quellen. Diese finden Sie leicht, wenn Sie weiter zur Geschichte des Maschinenbaus recherchieren.

• Zu den ältesten Werkzeugen der Menschheit zählen

_____

• Bereits in der Antike wurden Grundlagen des Wissens heutiger Ingenieurkunst entwickelt und weitergegeben:

_____

• Mittelalterliche Energietechnik umfasste

_____

• Eine Reihe von alten Berufen gelten als Vorläufer des Maschinenbaus, nämlich

_____

2.2 Industrielle Revolutionen – von Industrie 1.0 bis Industrie 4.0

Die Industrie entwickelt sich seit gut 300 Jahren und hat sich im Laufe dieser Zeit immer schneller verändert. Betrachtet man diese Entwicklung rückwirkend, so lassen sich vier Phasen unterscheiden, von denen jede gern als eine „industrielle Revolution" beschrieben wird.

> „Nach der Mechanisierung (Industrie 1.0), der Massenproduktion (Industrie 2.0) und der Automatisierung (Industrie 3.0) führt der Einzug des Internets der Dinge und Dienste in der Fertigung zur vierten industriellen Revolution: der Industrie 4.0."
>
> (www.bdi.eu, 15.04.2019 © Bundesverband der Deutschen Industrie e. V.)

Aufgabe 3 **Ordnen Sie die Stichwörter aus der Liste, die unterhalb der Tabelle steht, den 4 Phasen der industriellen Revolution zu. Unterscheiden Sie dabei zwischen der treibenden Innovation dieser Zeit und den Beispielen sowie der Wirkung.**

Bild zur Zeit	Phase	Entwicklungen	
ab 1800	Industrie 1.0	treibende Innovation:	Beispiele und Wirkung:
Ende 19. Jhd.	Industrie 2.0	treibende Innovation:	Beispiele und Wirkung:
seit den 1970er Jahren	Industrie 3.0	treibende Innovation:	Beispiele und Wirkung:

heute und in Zukunft 	Industrie 4.0	treibende Innovation	Beispiele und Wirkung:

Abb. 9 – 12: Einzelne Benennungen vgl. Bilderliste Ó Adobe Stocks und CC BY 2.0

Stichwörter zu den 4 Phasen der industriellen Revolution

Akkordarbeit, Algorithmen, Arbeitsteilung, Automatisierung
Big Data
Computer, computergesteuerte Werkzeugmaschinen
Cyberphysische Systeme
Dampfmaschinen, Dampfschiffe, Digitalisierung
Mehr Einfluss der Kunden auf das Produkt, Eisenbahnen, Entwicklung von großen Industriestädten, Elektrifizierung, Elektrizität
Fabrikhallen, Fließbänder
hohe Stückzahl
Individualisierung der Produktion, Industrieroboter, Industriestädte, Internet der Dinge
Neue Logistiklösungen
Massenproduktion, Mechanisierung von Arbeitsvorgängen durch Maschinen
Neue Arbeitsplätze
PC, erste große mechanische Produktionsanlagen,
Smartphone,
Vernetzung von Menschen, Produkten und Maschinen
World Wide Web

Aufgabe 4   **Verbinden Sie die Satzteile zu ganzen Sätzen.**

1. Die erste Phase der Industrialisierung ab 1800	wurden noch	durch menschliche Kraft betrieben
2. Die ersten Maschinen wie z. B. die Webstühle	ist gekennzeichnet durch	Dampfmaschinen
3. Wasser- und Dampfkraft	folgte der Einsatz von	die frühen mechanischen Produktionsanlagen mit Maschinen
4. Auf die Wasserkraft als erste Primärenergie	war der Antrieb für	viele neue Arbeitsplätze
5. Für die Menschen	begann	der Produktion von Gütern wie Autos, Nähmaschinen, Fahrrädern, Kleidung usw. in hoher Stückzahl
6. Mit der Einführung der Elektrizität als Antriebskraft	entstanden in den Fabriken	die Veränderung und Automatisierung der Industrie durch die Verwendung von Computern
7. Die Elektrifizierung	führte zu	die Mechanisierung von Arbeitsvorgängen durch den Einsatz von Maschinen
8. Am Anfang des 20. Jahrhunderts	bezeichnet man	ein neuer Industriezweig
9. Die zunehmende Arbeitsteilung und Spezialisierung der Tätigkeiten	führte zu	einer Beschleunigung der Büroarbeit
10. Innovationen wie Telefon und Telegramm	führte zu	die Massenproduktion von Konsumgütern
11. Als dritte industrielle Revolution	begann	einer Steigerung der Produktivität
12. Nach den großen Rechenmaschinen	entstand mit dem Personal-Computer (PC)	eine zweite industrielle Revolution

Aufgabe 5   Schreiben Sie die richtigen Begriffe zu den Worterklärungen.

Begriffe	Worterklärungen
	der Ersatz der menschlichen Arbeit durch Maschinen (ganz oder teilweise)
	langsam laufendes, mechanisch bewegtes Band, auf dem Einzelteile transportiert und nach und nach zu einem Ganzen zusammengebaut werden
	Vorrichtung oder Maschine, mit der man weben kann
	Wärmekraftmaschine zur Umwandlung von thermischer in mechanische Energie
	Einführung der Elektrizität als Antriebskraft
	Übertragung von Funktionen des Arbeitsprozesses vom Menschen auf künstliche Systeme

Fokus Sprache 5: Wortbildung 1 – Nominalisierung von Verben

Aufgabe 6   Ergänzen Sie die Tabelle.

Verben mit der Endung -ieren	Nomina mit der Endung -ierung	andere Endungen
	Automatisierung	
		Industrie
realisieren		
		Programmierer*in
	Mechanisierung	
	– – – – –	Kommunikation

Fokus Sprache 6: Wortbildung 2 – Nominalisierung von Verben

Aufgabe 7 **Ergänzen Sie die Tabelle mit den verwandten Wörtern.**
(siehe nächste Seite)

Nochmal
der Grammatik-Tipp Alle Nomina mit der Endung –ung sind feminin!

Verb	Nominalisierte Form = Nomen/ Substantiv
verändern	
	die Erfindung
	die Verzweigung
steuern	
errichten	
	die Beschreibung
vernetzen	
	die Steigerung
beschleunigen	
teilen, verteilen	

Fokus Sprache 7: Wortbildung 3 – Verwandte Nomina mit der Endung –er

Aufgabe 8 **Ergänzen Sie die Tabelle auf der nächsten Seite und finden Sie heraus: Meint man eine Person oder eine Sache?**
Oder bleibt eine Lücke?

Durch das Suffix –er kann aus Verben ein Nomen werden. Manchmal bedeutet es dann eine Person, manchmal eine Sache, manchmal sogar beides.

der Programmierer → ist eine Person
der Taschenrechner → ist eine Sache
der Sprinter → kann beides sein

Grammatik-Tipp Alle Nomina mit der Endung –er sind maskulin!

Verb	Nomen mit der Endung –er (Person)	Nomen mit der Endung –er (Sache)
	-r Drucker	-r Drucker
	-r Erfinder	
rechnen		
	-r Erbauer	
betreiben		
beschleunigen		
		-r Teiler
arbeiten		
bohren		
forschen		

Aufgabe 9   Schreiben Sie zehn Sätze mit nominalisierten Verben. Sie müssen nicht unbedingt zum Thema „Maschinenbau – früher und heute" passen.

Aufgabe 10   Recherche: Suchen Sie zu jeder der 4 Phasen der Industrialisierung drei Bilder für typische Maschinen dieser Zeit und begründen Sie Ihre Auswahl.

Redemittel   Ich finde ... typisch für ..., weil ...

... ist typisch für ..., denn ...

... passt sehr gut zu der Epoche ..., denn ...

Ohne ... kann man sich die Zeit der ... gar nicht vorstellen, weil ...

Aus folgendem Grund scheint mir ... besonders typisch für ..., denn ...

Aufgabe 11   Bilden Sie mit den Satzanfängen korrekte Sätze. Sie können die Stichwörter, aber auch beliebige andere Wörter verwenden.

Satzanfänge	Stichwörter
Seit der Erfindung des Computers ... Im Zeitraum von nur 30 Jahren ... Zwischen 1970 und 2000 ... Die Grundlagen für ... Im Lauf der Zeit ... Im Lauf von Jahrhunderten ... Durch die Erfindung von ... Mit der Errichtung von ...	Algorithmus, Anlage, Automatisierung, Dampfmaschine, Daten, Elektrizität, Energie, Erfindung, Fließband, Innovation, Lösung, Massenproduktion, Mechanik, Mechanisierung, Programm, Produktion, Programmiersprache, Rechenmaschine, Veränderung, Versuch, Ziel.

Aufgabe 12   **Schreiben Sie die richtigen Präpositionen in die Lücken.**
durch   für (2x)   im (2x)   in   mit   seit   von (3x)   zwischen

1. „Industrie 4.0" wird gern als Schlagwort _____ die Entwicklung der Industrie _____ Zeitalter der Digitalisierung verwendet.

2. Man bezeichnet die Veränderung der Industrie _____ die Verwendung von Computern als dritte industrielle Revolution.

3. Die erste Rechenmaschine, die Z3, wurde 1941 _____ dem deutschen Bauingenieur Konrad Zuse entwickelt.

4. In den 50er Jahren starteten die Versuche _____ den kommerziellen Einsatz des Computers.

5. Schon _____ 1908 und 1927 wurden _____ den USA 15 Mio. Autos des Modells T _____ Ford gebaut.

6. Die zweite industrielle Revolution begann _____ der Einführung der Elektrizität als Antriebskraft.

7. Die Industrie entwickelt sich _____ mehr als 300 Jahren und hat sich _____ Laufe dieser Zeit immer schneller verändert.

2.3 Industrie 4.0 und Maschinenbau 4.0

2.3.1 Begriffe, Schlagwörter und Definitionen

„Begriff" ist ein anderes Wort für Wörter, die eine Idee, eine Sache, einen Menschen mit bestimmten Merkmalen, ein Phänomen oder einen Ort usw. bezeichnen. Begriffe können abstrakte oder konkrete Dinge meinen; wichtig ist, dass sie eine bestimmte Bedeutung haben.

In den Wissenschaften verwendet man vorwiegend Begriffe mit einer exakt festgelegten Bedeutung, diese heißen dann Definitionen. Eine wissenschaftliche Definition ist begrenzt, und sie gilt auch nur innerhalb der Grenzen ihres Gebietes. So ist beispielsweise in der Geometrie ein Winkel definiert als „das Verhältnis, das zwei Linien (oder Flächen) miteinander bilden, wenn sie aufeinander treffen oder einander schneiden".
(Langenscheidt 1994:1120)

Aufgabe 13a   **Schreiben Sie die korrekte Benennung neben die Grafiken:**
spitzer Winkel, stumpfer Winkel, rechter Winkel

Abb. 13: 3 Winkel. Grafik: Robert Haselbacher

Aufgabe 13b   **Schreiben Sie die Formel und skizzieren Sie eine passende Zeichnung zum Lehrsatz:**
„Die Innenwinkel im Dreieck ergeben zusammen 180 Grad."

Zeichnung:

Dagegen bedeutet das Wort Winkel als *Alltagsbegriff* auch den Platz zwischen Wänden oder Kanten, meistens eine kleine Ecke, oder es kann ein Ort in einer Position sein, wo man nicht gesehen wird und sich gut verstecken kann. Und man kann jemand „aus den Augenwinkeln" ansehen, d. h. nicht direkt. Der Begriff Winkel hat so mehrere Bedeutungen, und sie sind nicht ganz eindeutig.

Schlagwörter sind Modebegriffe. Oft sind es politische und philosophische Wörter, die als Propaganda gebraucht werden oder die so ungenau sind, dass man schon gar nicht mehr weiß, was sie bedeuten. Aber zu bestimmten Zeiten werden sie von sehr vielen Menschen in sehr vielen Medien und Kommunikationskanälen benützt. Manche Schlagwörter bleiben in der Sprache, manche verschwinden wieder. (In Bibliotheken gibt es auch einen sog. „Schlagwortkatalog", dort dient ein Schlagwort dazu, ein Buch zu charakterisieren.)

Die Begriffe „Maschinenbau 4.0" und „Industrie 4.0" werden momentan oft als Schlagwörter gebraucht. Alle reden davon („sie sind in aller Munde"), doch ihre Bedeutung ist nicht ganz klar und eher mehrdeutig. In jedem Fall handelt es sich (noch?) nicht um einen exakt definierten Begriff der Wissenschaft, auch wenn sie „Definitionen" genannt werden.

Um herauszufinden, was gemeint ist, wenn von „Maschinenbau 4.0" und „Industrie 4.0" gesprochen wird, betrachten wir
1. die sprachliche Seite
2. die inhaltliche Seite.

Bei der sprachlichen Seite geht es um *Wörter und Sätze zum Definieren*, bei der inhaltlichen Seite um *Aussagen aus den Texten*.

Aufgabe 14   Sprachlich: Welche Redemittel für Definitionen werden in den unten folgenden Textbeispielen A, B, C verwendet? Unterstreichen Sie diese und ergänzen Sie die Liste.

Redemittel zum Definieren:
… ist …
… bedeutet …
…
…
…

Aufgabe 15   Inhaltlich: Sammeln Sie Aussagen aus den Texten A, B, C und tragen Sie diese in Stichworten in die Tabellen ein.

A) Definition

„Industrie 4.0" steht für die intelligente Vernetzung von Produktent-
wicklung, Produktion, Logistik und Kunden. Die vierte industrielle
Revolution wird den Wirtschaftsstandort Deutschland verändern.
(Fraunhofer Gesellschaft)

Zu A)

Wer soll vernetzt werden?	Was könnte dazu gehören?
1.	
2.	
3.	
4.	

B) Was bedeutet Industrie 4.0?

Laut Arbeitskreis Industrie 4.0 versteht man darunter „eine Vernetzung von autonomen, sich situativ selbst steuernden, sich selbst
konfigurierenden, wissensbasierten, sensorgestützten und räumlich
verteilten Produktionsressourcen (Produktionsmaschinen, Roboter,
Fördersysteme, Lagersysteme und Betriebsmittel) inklusive deren
Planungs- und Steuerungssysteme."
(Fraunhofer Gesellschaft, Umsetzungsempfehlungen für das Zukunftsprojekt Industrie 4.0)

Zu B)

Welche Produktionsressourcen sollen vernetzt werden?
1.
2.
3.
4.
5.
6.

Wie sollen die vernetzten Teile sein? (Adjektiv oder Partizip I)	Was sollen sie tun?
	autonom funktionieren
	sich selbst steuern
	sich selbst konfigurieren
	wissensbasiert agieren
	sich auf Sensoren stützen
	sich im Raum verteilen

C) Industrie 4.0: Eine grundlegende Definition

Grundsätzlich bezeichnet der Begriff der Industrie 4.0 die intelligente und dauerhafte Verknüpfung und Vernetzung von Maschinen und maschinell betriebenen Abläufen in der Industrie.

Dank moderner Lösungen aus dem Bereich der Digitalisierung kann die Kommunikations- und Informationstechnologie eingesetzt werden, um Menschen, Maschinen und die daraus entstehenden Produkte miteinander zu vernetzen und somit eine deutlich höhere und effektivere Produktivität zu generieren. Je nach Unternehmen und je nach Schwerpunkt der Produktion können unterschiedliche Lösungen der intelligenten Vernetzung und Digitalisierung in Zukunft die Arbeitswelt bestimmen.

(Industrie 4.0 verständlich erklärt)

Zu C)

Was soll vernetzt werden?	Wer oder was gehört dazu?	Was sind die Ziele?

2.3.2 Praxisbeispiel Firma Klotz

Aufgabe 16 Lesen Sie das Interview mit Herrn Klotz und beantworten Sie
die Fragen.
1. Was hat der Jury besonders gut gefallen?
2. Warum fühlt sich Herr Klotz jeden Tag als Gründer?
3. Was sind die zwei Kernkompetenzen der Firma Klotz?
4. Welche Vorteile hat das für die Kunden?
5. Was meint Herr Klotz zu der Verbindung von Industrie 4.0 und Maschinenbau 4.0 in der Zukunft?
6. Mit welchen Veränderungen rechnet er?
7. Und was sagt er zu der Zeit für diese Entwicklungen?

Interview: Bayerischer Gründerpreis 2017 – Fragen an Peter Klotz

Bereits zum 15. Mal waren die Unternehmen in Bayern aufgerufen, sich für den
Bayerischen Gründerpreis zu bewerben.
Mehr als 1.000 Unternehmen beteiligten
sich in sechs Kategorien an der renommier-
ten Auszeichnung.
Geschäftsführer Peter Klotz wurde für diesen Preis nominiert.

Abb. 14: © Peter Klotz

**In der Wirtschaftswelt spricht gerade jeder von Gründern und Start-
ups. Ihr Unternehmen wurde 1962 gegründet und wird seit einigen
Jahren von Ihnen geführt. Fühlen Sie sich als Gründer?**

In Zeiten von Internet, Globalisierung, Digitalisierung und Industrie 4.0 ändert sich die Wirtschaftswelt jedes Jahr schneller.
Wer stehen bleibt, hat schon verloren. Insofern muss sich heute
ein Unternehmen ständig neu erfinden. Stillstand ist tödlich.
Ehrlich gesagt, fühle ich mich ständig als Gründer. Jeder Tag
bringt neue Herausforderungen.

Die Jury war von der Verknüpfung aus mittelständischem Maschinenbau und modernster Softwareentwicklung angetan. Wie kamen Sie auf die Idee, ein Software-Unternehmen parallel zum traditionellen Maschinenbauer aufzubauen?

Mein Vater hat das Unternehmen gegründet und war sozusagen ein Vollblut-Maschinenbauer. Informatik und Betriebswirtschaft haben ihn zwar interessiert, aber es war beides nicht seine Stärke. Daraus hat sich schon in frühen Jahren ergeben, dass ich mich um diese Bereiche gekümmert habe. Gleichzeitig waren im Bereich Prüfstandsbau unsere Anforderungen an Software schon immer sehr hoch. Vor rund zehn Jahren haben wir erkannt, dass Software ein zentraler Bestandteil von Maschinen wird und haben entschieden, dass wir Software zur zweiten Kernkompetenz machen müssen.

Was haben Unternehmen davon, wenn sie mit Klotz und Kinmatec arbeiten?

Unsere Kunden bekommen Maschinenbau und Software in höchster Qualität aus einer Hand. Bereits in der mechanischen, elektrischen und elektronischen Konzeption der Maschinen werden Softwareanforderungen mitbetrachtet. Software ist nicht mehr ein Add-on, sondern ist wesentlicher Bestandteil der Anlagen. Dadurch erhöht sich Produktivität und Verfügbarkeit der Anlagen entscheidend.

Geben Sie uns einen Ausblick. Wo steht die Industrie 4.0 in zehn Jahren?

Das ist nicht so leicht zu beantworten. In der Vergangenheit hat man oft zu viel von neuen Technologien erwartet. Der große „Umbruch" in der Industrie ist bisher ausgeblieben. Stattdessen gab es eine relativ langsame kontinuierliche Weiterentwicklung. Aber diesmal könnte es anders laufen, da die innovativen Kräfte sehr stark sind.
Industrie 4.0 in Verbindung mit Robotik und künstlicher Intelligenz wird meiner Meinung nach mittelfristig die Produktion und die Geschäftsmodelle von Maschinenbauern sehr nachhaltig verändern. Maschinen werden sich in zehn Jahren vollständig selbst überwachen und sich hinsichtlich Taktzeit, Wartung, Energieverbrauch und Verschleiß selbst optimieren. Dafür wer-

den immer mehr Sensoren in Maschinen eingebaut, die sich im Idealfall selbst in übergeordnete Systeme integrieren. Sehr große Datenmengen werden in Cloud-Speichern aufgezeichnet und permanent analysiert. Die Daten sind sehr wertvoll und werden auch verwendet, um wiederum neue, noch bessere Maschinen zu bauen. Industrieroboter werden eine noch größere Rolle spielen, weil sie in Verbindung mit Software immer schneller für neue Aufgaben trainiert werden können. Wie schnell das alles genau gehen wird, ist schwer zu sagen.

(nach: www.klotz.de – Bayerischer Gründerpreis 2017 – Fünf Fragen)

Aufgabe 17 **Im folgenden Text sind 6 Fehler versteckt. Finden Sie die Fehler und berichtigen Sie jeweils den Satz.**
1. Der Geschäftsführer Peter Klotz wurde 2017 für den Bayerischen Gründerpreis nominiert.
2. Die Firma Klotz verbindet mittelständischen Maschinenbau und hochmoderne Softwareentwicklung.
3. Herr Klotz fühlt sich selten als Gründer, denn die Wirtschaftswelt ändert sich schnell.
4. Software ist heute ein Zusatz, kein Bestandteil von Maschinen.
5. Die neuen Technologien entwickeln sich kontinuierlich weiter.
6. Der von vielen erwartete „große" Umbruch ist nicht möglich.
7. Robotik und Künstliche Intelligenz werden vielleicht langfristig die Produktion im Maschinenbau verändern.
8. Maschinen werden sich selbst optimieren.
9. Man baut immer weniger Sensoren in Maschinen ein.
10. Die Analyse von großen Datenmengen in Industrierobotern verwendet man zum Bau neuer Maschinen.

Aufgabe 18 **Ausblick auf die Zukunft – wie schätzt Herr Klotz die zukünftige Entwicklung der Industrie 4.0 ein? Formulieren Sie die folgenden Aussagen in dass-Sätze um. Verwenden Sie dazu diese Satzanfänge:**

Herr Klotz meint …   Er ist davon überzeugt …
Er rechnet damit, dass …   Er ist der Ansicht …
Er geht davon aus …   Er prognostiziert …

Modell:
In der Vergangenheit hat man oft zu viel von neuen Technologien erwartet. → *Herr Klotz meint, dass man in der Vergangenheit oft zu viel von neuen Technologien erwartet hat.*

- Bisher gab es eine relativ langsame kontinuierliche Weiterentwicklung.
- Der große „Umbruch" in der Industrie hat noch nicht stattgefunden.
- Durch Robotik und künstlicher Intelligenz werden sich Produktion und Geschäftsmodelle im Maschinenbau nachhaltig verändern.
- Maschinen werden sich in zehn Jahren selbst kontrollieren und optimieren.
- Man wird sehr große Datenmengen in Cloud-Speichern aufzeichnen und permanent analysieren.
- Industrieroboter werden eine noch größere Rolle spielen.

Aufgabe 19 **Recherchieren Sie und stellen Sie eine Erfindung und dessen Erfinder*in vor, die Sie besonders beeindruckt hat. Schreiben Sie dazu ein Kurzreferat, das diese Punkte enthält:**

- Informationen zur Person: Nennen Sie den Namen, die Nationalität, wichtige Daten und Orte aus dem Leben, den Beruf, weitere wichtige Erfindungen und Leistungen.
- Informationen zur Erfindung: Was wurde erfunden? Was war daran besonders? Hat diese Erfindung das Leben und die Gesellschaft verändert?
- Wird sie heute noch benutzt oder wurde sie durch die Entwicklung abgelöst?
- Gab es zu Lebzeiten des/der Erfinder*in öffentliche Anerkennung für diese Erfindung? Wenn, ja – welche?

Literatur

Wörterbücher

- Götz, Dieter u.a. Langenscheidt-Redaktion (Hg.) (1997): Langenscheidts Großwörterbuch Deutsch als Fremdsprache. Berlin München
- Wahrig, Gerhard (Hg.) (1982): Der kleine Wahrig. Wörterbuch der deutschen Sprache. Mosaik-Verlag. München

Links

- www.bdi.eu (Zuletzt aufgerufen am 15.04.2019)/Bundesverband der Deutschen Industrie e.V. (Zuletzt aufgerufen am 16.4.2021)
- https://www.fraunhofer.de/de/forschung/forschungsfelder/produktionsdienstleistung/industrie-4-0.html (Zuletzt aufgerufen am 19.6.2018)
- Klotz-Pressemitteilung_vg.pdf (Zuletzt aufgerufen am 20.6.2018)
- www.klotz.de (Zuletzt aufgerufen am 16.4.2021)
- www.industrie-wegweiser.de (Zuletzt aufgerufen am 16.4.2021)
- Benedikt Hofmann: Industrie 4.0 verständlich erklärt. 2.10.2018, www. maschinenmarkt.vogel.de (Zuletzt aufgerufen am 16.4.2021)

Kapitel 3
Technische Mechanik

Zusatzmaterial online
Zusätzliche Informationen sind in der Online-Version dieses Kapitel
(https://doi.org/10.1007/978-3-658-35983-6_3) enthalten.

3.1 Statik

Aufgabe 1   **Unterstreichen Sie beim Lesen wichtige Stichwörter im Text.**

Die Statik ist ein Teilgebiet der Mechanik und der Physik. Sie beschäftigt sich mit Kräften, die auf ruhende Körper wirken. Das Spezielle beim Gebiet der Statik besteht darin, dass die Kräfte bei der Statik im Gleichgewicht zueinander stehen. Das bedeutet, dass die Summe aller Kräfte und Momente immer gleich Null ist. Denn sobald ein statisches System aus dem Kräftegleichgewicht geraten würde, würde es sich nicht mehr um ein ruhendes System handeln. Wenn man sich jedoch mit Kräften beschäftigt, die sich nicht im Gleichgewicht befinden und daher einander aufheben, befindet man sich nicht mehr auf dem Gebiet der Statik, sondern auf dem Gebiet der Kinetik.

Laut Definition befasst sich die Statik mit den Kräften an materiellen Körpern, die sich im Gleichgewicht befinden. Dabei werden alle Bedingungen untersucht, die dazu führen, dass sich der Bewegungszustand des materiellen Körpers nicht ändert. Das bedeutet, die Körper sind nicht beschleunigt. Nicht beschleunigte Körper sind entweder unbewegt, also in Ruhe, oder sie bewegen sich geradlinig mit konstanter Geschwindigkeit. Alle angreifenden Kräfte und Momente müssen im Gleichgewicht zueinander stehen, damit diese Rahmenbedingungen erfüllt sind.

nach: www.maschinenbau-wissen.de/skript3/mechanik/statik

Aufgabe 2   **Beantworten Sie die Fragen:**
1. Womit beschäftigt sich die Statik?
2. Was ist das Spezielle dabei?
3. Was bedeutet dies rechnerisch?
4. Welche Bedingungen untersucht die Statik?
5. Wann sind Körper nicht beschleunigt?
6. Suchen Sie konkrete Beispiele für Aufgaben von Ingenieuren, bei denen die Statik wichtig ist.

3.2 Nützliche Begriffe zur Unterscheidung von Statik und Kinetik

Aufgabe 3   Schreiben Sie das Gegenteil zu folgenden Begriffen:

aus dem Gleichgewicht kommen, aus dem Gleichgewicht geraten	
eine Differenz bilden, abziehen	
Kräfte summieren sich	
in Bewegung	
ein Körper in Bewegung	
zu- oder abnehmende Geschwindigkeit	

Fokus Sprache 8: Grammatikwiederholung – Partizip I und II

Sie erinnern sich: Ein Prozess, der gerade abläuft, wird mit dem Partizip I (= Partizip Präsens) beschrieben, während ein Prozess, der bereits abgeschlossen ist, das Partizip II (= Partizip Perfekt) erfordert. Man kann Partizipien wie Adjektive verwenden.

Beispiel	Form	Grammatischer Terminus
Ein gerade *ablaufender* Prozess	**Infinitiv + d** (+ Endung): ablaufen-**d**-er	Partizip I
Der Prozess ist abgeschlossen = ein *abgeschlossener* Prozess	**wie Perfekt,** (+ Endung): abgeschlossen-**er**	Partizip II

Aufgabe 4   Schreiben Sie korrekte Partizipialausdrücke mit diesen Wörtern:
a) die Geschwindigkeit – abnehmen (Partizip I)
b) die Differenz – bilden – aus 2 Zahlen (Partizip II)
c) die Temperatur – zunehmen (Partizip I)
d) die Kraft – Bewegungen – verursachen (Partizip I)

e) die Gesamtkraft – resultieren (Partizip I)
f) die experimentell – untersuchen – Bedingungen (Partizip II)
g) der Forscher – experimentieren (Partizip I)
h) ein Körper – ruhen (Partizip I)
i) ein Körper – beschleunigen (Partizip II)
j) die Kräfte – wirken – auf einen Körper (Partizip I)

3.3 Fachliche Abgrenzung von Statik, Dynamik, Kinetik und Kinematik

Aufgabe 5 **Suchen Sie passende Stichwörter und ergänzen Sie die Tabelle.**

In der Mechanik wird das Teilgebiet, das sich mit der Wirkung von Kräften beschäftigt, als Dynamik bezeichnet. (Dies ist nicht identisch mit dem physikalischen Begriff der Dynamik.) Statik ist ein Teilbereich der Dynamik. Innerhalb der Dynamik wird zwischen der Statik und der Kinetik unterschieden. Im Gegensatz zur Statik werden in der Kinetik Bewegungsgrößen, also Weg, Beschleunigung und Geschwindigkeit, unter der Einwirkung von Kräften untersucht.

Die Kinetik ist nicht zu verwechseln mit der Kinematik, welche Bewegungsgrößen untersucht, ohne jedoch die Kräfte zu berücksichtigen, die diese Bewegungen verursachen.
Nach: www.maschinenbau-wissen.de/skript3/mechanik/statik

Teilgebiet	Untersuchungsgegenstand in Stichwörtern
Dynamik	*die Kräfte, die auf Körper wirken*
Statik	
Kinetik	
Kinematik	

Aufgabe 6 Kreuzen Sie an, welche Aussagen falsch bzw. richtig sind.

Aussagen	r	f
a) Die Statik untersucht alle Bedingungen, unter denen sich ein materieller Körper nicht bewegt.		
b) Die Dynamik untersucht alle Bedingungen, weshalb ein Körper sich bewegt.		
c) Die Dynamik untersucht, welche Kräfte wie wirken.		
d) Bewegungsänderung bedeutet, dass eine Bewegung nicht konstant bleibt.		
e) Bei geradliniger Bewegung mit konstanter Geschwindigkeit liegt keine Bewegungsänderung vor.		
f) Keine Bewegungsänderung bedeutet auch: der Körper ist in Ruhe.		
g) Ein statisches System bedeutet, dass alle Kräfte im Gleichgewicht sind.		
h) In der Kinetik untersucht man Bewegungsgrößen, also Weg, Beschleunigung und Geschwindigkeit, unter der Einwirkung von Kräften.		
i) In der Kinematik untersucht man die Bewegungsgrößen Weg, Beschleunigung und Geschwindigkeit.		
j) In der Kinematik untersucht man Bewegungsgrößen, also Weg, Beschleunigung und Geschwindigkeit, unter der Einwirkung von Kräften.		

Fokus Sprache 9: Syntax – Satzmodelle für Gegensätze

Klare Gegensätze und Unterschiede lassen sich im Deutschen mit den Konjunktionen *während* oder *dagegen* ausdrücken, zum Beispiel:

Modell 1:

Der Ärger ist vorprogrammiert: Max muss für die Prüfung lernen, Anna *dagegen* hat frei und will joggen gehen.

Modell 2:

Der Ärger ist vorprogrammiert: *Während* Max für die Prüfung lernen muss, hat Anna frei und will joggen gehen.

Aufgabe 7 Formulieren Sie komplexe Sätze, in denen ein Unterschied ausgedrückt wird. Verwenden Sie die angegebenen Wörter und ergänzen Sie bei Bedarf weitere Begriffe:
a) Weg – Beschleunigung – Geschwindigkeit – Bewegungsgrößen // Zeit – andere Parameter
b) Statik – sich beschäftigen – Kräfte – materielle Körper – im Gleichgewicht // Kinetik – Bewegungsgrößen
c) ein statisches System – Kräfte – im Gleichgewicht – sich befinden // ein dynamisches System – in Bewegung
d) Statik – untersuchen – Kräfte – sich aufheben // Kinetik – nicht
e) Kinetik – sich befassen mit – Wirkung von – Kräften auf – Bewegungsgrößen // Kinematik – ohne Berücksichtigung – Kräfte

3.4 Anwendung der Statik in der Praxis

Es liegt auf der Hand, dass die Statik sowohl im Maschinenbau als auch im Bauingenieurwesen ein besonders wichtiges Fachgebiet darstellt. Die praktische Anwendung der Statik im Fach Bauingenieurwesen nennt man sogar Baustatik.

Das Newtonsche Axiom von Aktionskraft und Gegenkraft

Um den Gleichgewichtszustand herzustellen, muss die Aktionskraft (die Last) von einer sogenannten Gegenkraft (z.B. Baugrund oder Maschinenlager) aufgenommen werden. Hierfür gilt in der Statik das Newtonsche Axiom:
Aktionskraft und Gegenkraft müssen gleich groß und entgegengerichtet sein, anders ausgedrückt: **Aktion = Reaktion.**
www.maschinenbau-wissen.de/skript3/mechanik/statik

Aufgabe 8 Sammeln Sie Beispiele für Fragestellungen aus der Praxis, für die gründliche Kenntnisse der Statik absolut notwendig sind:
• Z. B.: Warum fallen Hochhäuser nicht um?
• …

Aufgabe 9 Sammeln Sie Beispiele für technische Fragen, zu deren Lösung Kenntnisse aus der Dynamik, der Kinetik und der Kinematik nützlich sind.

3.5 Die physikalische Größe Kraft

3.5.1 Grundlagen

Die physikalische Größe der Kraft ergibt sich aus dem Produkt von Masse [kg] und Beschleunigung [m/s²]. Die Einheit der Kraft ist Newton [N]. Mit der Gewichtskraft beschreibt man die Erdbeschleunigung bzw. umgangssprachlich die Erdanziehungskraft. Sie liegt bei ca. 9,81 m/s². Dagegen errechnet sich die Druckkraft aus dem Produkt von Druck [N/mm²] mit der Fläche [mm²], auf die der Druck wirkt. Neben der Gewichtskraft und der Druckkraft existieren noch weitere Kraftarten. Gewichtskraft und Druckkraft bilden für den Bereich der Statik die wichtigsten Kräfte.

Aufgabe 10   a) Setzen Sie die richtigen Begriffe ein:

Bild	Formel	In Worten
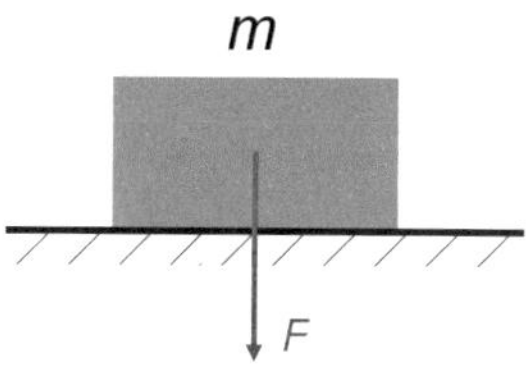 m F	$F = mg$	Gewichtskraft = _____ × _____
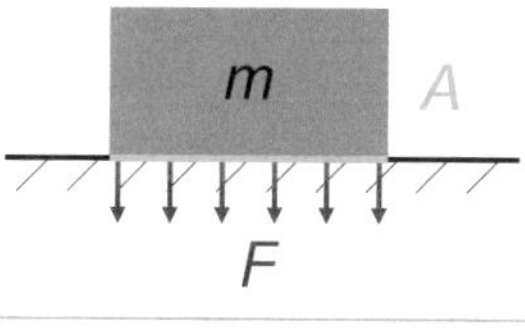 m A F	$F = pA$	Druckkraft = _____ × _____

Abb.1: Gewichtskraft und Druckkraft. Grafik: Robert Haselbacher

b) Setzen Sie die richtigen Begriffe sowie die Kürzel nach dem SI-System ein:

Das Bild der _____ zeigt eine Masse __, die aufgrund der Erdbeschleunigung __ eine Kraft __ verursacht. Das Bild der _____ zeigt eine Masse __, die aufgrund ihrer Gewichtskraft einen Druck __ auf die Fläche __ ausübt. Der Buchstabe A steht für das deutsche Wort _____ (engl. area); das deutsche Wort „Kraft" wird international im SI-System durch den Buchstaben __ symbolisiert (engl. force).

3.5.2 Kraftvektoren

Kräfte sind vektorielle Größen und werden durch drei Angaben beschrieben: den Betrag (= die Größe), die Richtung und den Angriffspunkt.

Der Betrag F gibt die Größe der wirkenden Kraft an. Als Maßeinheit für den Betrag F verwendet man das „Newton", abgekürzt N. Die Richtung einer Kraft wird zeichnerisch durch einen Pfeil angegeben, der die Wirkungslinie und damit die Richtung der Kraft auf ihr beschreibt. Weiterhin setzt die Kraft an einem bestimmten Angriffspunkt an. Die Abb. 2 zeigt, wie eine Kraft unterschiedliche Bewegungen verursacht, abhängig davon, an welchem Angriffspunkt A sie angreift.

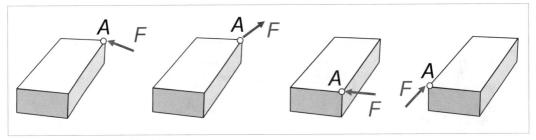

Abb.2: Kraftvektoren. Gross et al 2016:8

Mathematisch bestimmt man durch Betrag und Richtung einen Vektor. Im Unterschied zu einem freien Vektor besitzt die Kraft einen Angriffspunkt und ist an ihre Wirkungslinie gebunden, sie ist daher ein gebundener Vektor.
Nach Gross et al 2016:8

Aufgabe 11   **Im folgenden Text sind 6 Fehler versteckt. Suchen und berichtigen Sie, was nicht stimmt.**
Kräfte werden durch drei Ergebnisse beschrieben: den Betrag, die Richtung und den Angriffspunkt. Der Betrag *F* gibt die Größe der wirkenden Kraft an. Als Maßstab für den Betrag *F* verwendet man das „Newton", abgekürzt N. Die Richtung einer Kraft wird mathematisch durch einen Pfeil angegeben. Die Kraft setzt an einem bestimmten Angriffspunkt an. Eine Kraft verursacht unterschiedliche Bewegungen, unabhängig davon, an welchem Angriffspunkt A sie angreift. Mathematisch bestimmt man durch Betrag und Richtung einen Vektor. Wie bei einem freien Vektor besitzt die Kraft einen Angriffspunkt und ist an ihre Wirkungslinie gebunden, sie ist daher kein gebundener Vektor.

3.5.3 Mathematische Regeln für Kraftvektoren

Wenn man als planender Ingenieur Kraftvektoren berechnet, gelten bestimmte mathematische Regeln:

1. Kraftvektoren bzw. Kräfte dürfen entlang ihrer Wirkungslinie verschoben werden.
2. Kraftvektoren bzw. Kräfte dürfen addiert und subtrahiert werden.
3. Kraftvektoren bzw. Kräfte dürfen in mehrere Komponenten zerlegt werden, die beliebige Richtungen aufweisen können.
4. Kraftvektoren bzw. Kräfte dürfen durch vektorielle Addition zusammengesetzt werden.

Aufgabe 12   Welcher Satz passt zu welcher Abbildung? Verbinden Sie.

	Abbildungen		Sätze
1.	Masse, Kraftvektor, Wirkungslinie, $\vec{F}$, m, $\vec{F}$		a) Kraftvektoren dürfen in mehrere Komponenten zerlegt werden, die beliebige Richtungen aufweisen können.
2.	F_1 F_2 = F ; F_1 F_2 = F		b) Ein Kraftvektor wird entlang seiner Wirkungslinie verschoben.
3.	Kräfte-Parallelogramm F_1, F, α, F_1, F, F_2		c) Kraftvektoren werden entlang ihrer Wirkungslinie verschoben und per vektorieller Addition zusammengesetzt: $F_1+F_2=F$

(Fortsetzung der Tabelle auf der nächsten Seite)

	Abbildungen	Sätze
4.	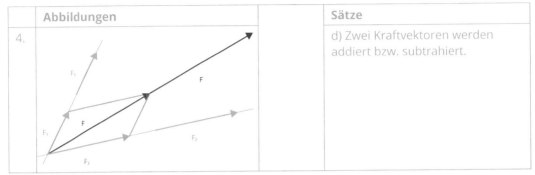	d) Zwei Kraftvektoren werden addiert bzw. subtrahiert.

Abb. 3: Kraftvektoren. Grafik: Robert Haselbacher

3.5.4. Lageplan und Kräfteplan

Kraftvektoren lassen sich grafisch in einem Lageplan und in einem Kräfteplan darstellen. In der Statik besteht der Unterschied zwischen einem Lageplan und einem Kräfteplan darin, dass in einem Lageplan alle geometrischen Größen – also die Winkel und die Längen – maßstäblich dargestellt werden müssen. Dagegen werden im Kräfteplan die Kräfte maßstäblich angegeben. Zudem können im Kräfteplan die Kräfte in beliebiger Reihenfolge aneinander gefügt werden.

Aufgabe 13 **Welchen Typ von Plänen für Kraftvektoren zeigen die Abbildungen a) und b)? Beschriften und begründen Sie.**

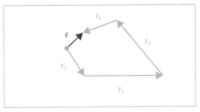

Abb. 4: a) _____

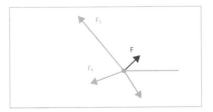

Abb. 4: b) _____

Aufgabe 14   Verbinden Sie die Wörter mit ähnlicher Bedeutung.

maßstäblich	per
in beliebiger Reihenfolge	man kann frei wählen
durch	-e Lösung einer Aufgabe
-s Parallelogramm	maßstabsgerecht
beliebig	-e Raute
-s Ergebnis	es spielt keine Rolle, was zuerst und was später kommt

3.5.5 Berechnung von Kräften

Bei der Berechnung von Kräften im Bereich der Statik können beliebig viele Kräfte zu einer resultierenden *Gesamtkraft* oder *Resultierenden* zusammengefasst werden. Als *grafisches* Hilfsmittel verwendet man den Lageplan und den Kräfteplan. Wenn die Zeichnungen maßstabsgerecht angefertigt sind, können Kräfte mit Hilfe von Lageplan und Kräfteplan auch nur durch Messen ermittelt werden.
Die *rechnerische* Lösung zur Ermittlung von Kräften erfolgt in drei Schritten:

1.

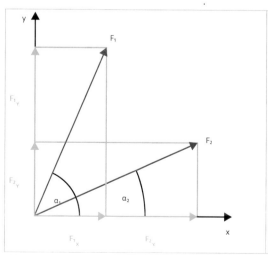

Alle vorhandenen Kräfte werden in einzelne Komponenten in x- und y-Richtung zerlegt. So entsteht für jede Kraft ein Kräfte-Parallelogramm.

Abb. 5: F1 und F2 werden in ihre x- und -y-Komponenten zerlegt. Grafik: Robert Haselbacher

2.

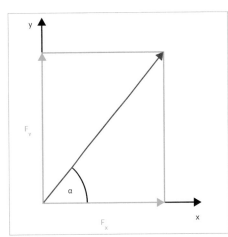

Die einzelnen Komponenten in x- bzw. in y-Richtung werden addiert, um daraus eine resultierende Gesamtkraft F zu zeichnen.

Abb. 6: Addierte x- und -y-Komponenten und resultierender Kraftvektor. Grafik: Robert Haselbacher

3.

Dann wird aus den beiden neu gebildeten Kräften eine Gesamtkraft ermittelt. Grafisch entsteht dadurch das Kräfte-Parallelogramm. Die Berechnung der jeweiligen x- und y-Komponenten sowie der Gesamtkraft erfolgt mit Hilfe der Rechenmethoden von Pythagoras, Sinus-Satz, Cosinus-Satz usw.

Nach: www.maschinenbau-wissen.de/statik

Fokus Sprache 10: Wichtige Verben

In den vier letzten Textabschnitten über Kraftvektoren, Pläne und Berechnung von Kräften wurden eine Reihe von Verben verwendet, die im Maschinenbau extrem häufig gebraucht werden. Solche fachspezifischen Verben müssen Sie unbedingt lernen, denn sonst verstehen Sie keine Aufgaben und können nicht präzise mit anderen diskutieren.

Aufgabe 15 Lesen Sie die Textabschnitte noch einmal durch und achten Sie auf die Verben. Was tun Kräfte? Was kann man rechnerisch und zeichnerisch mit Kräften tun?

Unter Aufgabe 16 a) sind nützliche Verben alphabetisch aufgelistet.

Aufgabe 16   **a) Kontrollieren Sie, ob Sie von allen die Bedeutung kennen und das Partizip II wissen.**

abstrahieren, addieren, anfertigen, anfügen, angeben, angreifen, ansetzen, anziehen, bilden, berechnen, beschleunigen, beschreiben, darstellen, dimensionieren, drehen, einspannen, ein-/(aus-)wirken, erläutern, ermitteln, ersetzen, erzeugen, platzieren, reiben, resultieren, rotieren, simulieren, subtrahieren, verformen, verlangsamen, verschieben, zeichnen, zerlegen

b) Ordnen Sie möglichst viele Verben aus der Liste den Bedeutungsfeldern zu. Ergänzen Sie mit weiteren Begriffen.

Bedeutungsfeld 1:
Diese Verben haben etwas mit theoretischen Prozessen (Überlegungen und Handlungen) zu tun:
berechnen, ...

_____

_____

_____

Bedeutungsfeld 2:
Diese Verben haben etwas mit praktischen Prozessen zu tun:
verschieben, ...

_____

_____

_____

Bedeutungsfeld 3:
Diese Verben haben etwas mit Geschwindigkeit zu tun.
verlangsamen, ...

_____

_____

_____

Aufgabe 17   Welche Verben sind trennbar, welche nicht trennbar?

trennbar	nicht trennbar

Fokus Sprache 11: Wortbildung 4 – Nominalisierung von Verben

Sie erinnern sich: Im Deutschen können aus Verben Nomina gebildet werden. Solche nominalisierten Verben sind praktisch, um Sätze zu komprimieren und Texte zu verkürzen; deshalb kommen sie in technischen Fachtexten extrem häufig vor.

Grammatik-Tipp   Alle Nomina mit der Endung -ung sind feminin, alle nominalisierten Infinitive neutral.

Aufgabe 18   Vervollständigen Sie die Spalten 1 – 3 und suchen Sie Komposita.

Verb	Nominalisierte Form = Nomen/Substantiv	Nominalisierter Infinitiv	Kompositum
reiben	die Reibung	das Reiben	der Reibungsverlust
berechnen			
ausüben			
	die Beschleunigung		
		das Darstellen	
anziehen			
	die Beschreibung		
(aus)wirken			
	die Verformung		

dimensionieren			
	die Ermittlung		
		das Verlangsamen	
	die Verschiebung		
anfertigen			
	die Verwendung		
zerlegen			
erläutern			
entstehen			
		das Veranschauli-chen	

3.6 Die physikalische Größe Moment

Unter Moment oder Drehmoment versteht man eine Kraft, die eine Drehung bewirkt. Das Drehmoment beschreibt, wieviel Kraft z.B. auf eine Achse einwirkt, die durch diese Kraft gedreht wird. Beispielsweise ist das Drehmoment beim Auto die Kraft, die auf die Achse wirkt, wodurch die Räder gedreht werden; von ihr hängt es ab, wie stark das Auto beschleunigt wird.

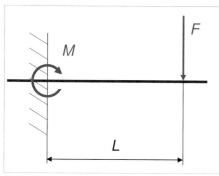

Ein Moment entsteht durch eine Kraft, die über einen Hebelarm auf eine Drehachse wirkt. Das Moment – oder auch Drehmoment – ist proportional zur Kraft und zum Hebelarm.

Abb. 7: Die Kraft F erzeugt über den Hebelarm L ein Moment M. Grafik: Robert Haselbacher

Als Hebelarm wird der senkrechte Abstand zwischen der angreifenden Kraft und der Drehachse bezeichnet. Das Drehmoment ergibt sich somit aus dem Produkt von Kraft und Hebelarm. Die SI-Einheit für das Moment ist Nm (Newton-Meter).

Die Formel für das Moment (Drehmoment) lautet:

Moment = Kraft x Hebelarm $M = F \cdot L$

Vorzeichenregelung für Momente

Beim Rechnen mit Momenten in der Statik ist das Vorzeichen wichtig, nämlich ob es sich um ein positiv oder negativ gerichtetes Moment handelt.

Die Regel für die Vorzeichen bei Drehmomenten lautet:
- Bei Drehung gegen den Uhrzeigersinn => positives Moment
- Bei Drehung im Uhrzeigersinn => negatives Moment

Nach: www.maschinenbau-wissen.de/statik

Aufgabe 19   a) Schreiben Sie die richtigen Textteile in die Tabelle.

Symbol	Bedingung	Welches Moment?
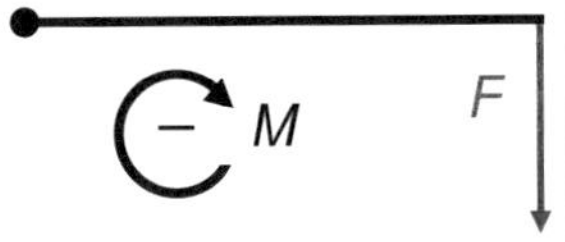 $-M$ F		
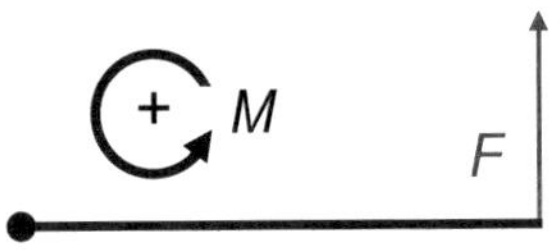 $+M$ F		

Abb. 8: Vorzeichenregelung für Momente. Grafik: Robert Haselbacher

b) Formulieren Sie eine Beschreibung der 2 Bilder in Spalte 1. Verwenden Sie dabei diese Wörter:

Hebel, Kraft, Pfeil, schwarz, rot, mit dem Buchstaben X bezeichnet, senkrecht, waagrecht, rund, ist gerichtet, in Richtung, für etwas stehen/entsprechen

Aufgabe 20   Setzen Sie die korrekten Präpositionen ein.

Ein Moment entsteht (1) _____ eine Kraft, die (2) _____ einen Hebelarm (3) _____ eine Drehachse wirkt. Das Moment – oder auch

Drehmoment – ist proportional (4) _____ Kraft und (5) _____
Hebelarm. Man bezeichnet den Abstand (6)_____ der
angreifenden Kraft und der Drehachse (7)_____ Hebelarm. Das
Drehmoment ergibt sich (8) _____ dem Produkt (9) _____ Kraft und
Hebelarm. Die SI-Einheit (10) _____ das Moment ist Newton-Meter
(Nm).

Aufgabe 21   Schreiben Sie das Gegenteil.

gleich gerichtet	
gleich groß	
aus dem Gleichgewicht geraten	
Aktionskraft	
Aktion	
unvollständig	
beschleunigen	
abhängig	
im Uhrzeigersinn	

Fokus Sprache 12: Wortbildung 5 – Wortfeld „gleich"

Im Deutschen gibt es bekanntlich viele Möglichkeiten der Wortbildung, indem man den Stamm eines Wortes mit anderen Wörtern, mit Vor- und Nachsilben zusammensetzt.

Aufgabe 22   Bilden Sie mit dem Wortstamm „gleich" möglichst viele verschiedene Wörter, indem Sie den Wortstamm mit Präfixen, Suffixen und weiteren Nomina kombinieren.

Präfixe	Gleich	Suffixe	Nomina
ver- un-	gleich	-en -bar -ig -keit -heit -ung	Gewicht Zeit Wert Kräfte Form …

3.7 Beispiele zum Rechnen und Anwenden der Gesetzmäßigkeiten der Statik: Kräfte und Momente

Die folgenden zwei Aufgabenbeispiele aus dem Bereich der Statik stammen aus Tutorien für Technische Mechanik, die für Studierende des Fachs Maschinenbau im Anfangssemester konzipiert wurden. Für beide Aufgaben 23 und 24 gilt die Arbeitsanweisung:

Aufgaben 23 und 24 **Formulieren Sie Lösungsvorschläge; vergleichen, begründen und diskutieren Sie Ihre Vorschläge mit Ihrem Lernpartner/ Ihrer Lernpartnerin.**

Sie können dabei diese Redemittel verwenden:
- Ich meine, dass ...
- Vermutlich ...
- Ich bin sicher, dass ..., denn/weil ...
- Unter statischen Gesichtspunkten ...
- Von der Statik aus gesehen muss ...

Aufgabe 23 **Beispiel 1**

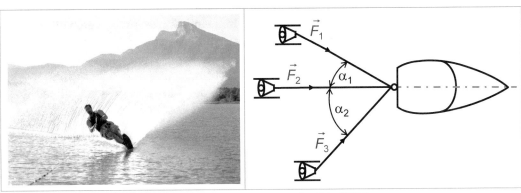

Abb. 9 Wasserski   Abb. 10: Tutorium TM.pdf. TU Ilmenau

Ein Motorboot zieht an einem Rundhaken drei Wasserskifahrer. Der mittlere fährt in der Spur des Bootes, die anderen seitlich davon.

Gegeben:

$\vec{F}_1 = 35\,\text{N}, \vec{F}_2 = 40\,\text{N}, \vec{F}_3 = 55; \alpha_1 = 30°, \alpha_2 = 45°$

Gesucht:

die Resultierende $\vec{F}_R$ der Zugkräfte
a) rechnerisch   b) zeichnerisch

Berechnung	Skizze

Aufgabe 24   **Beispiel 2**

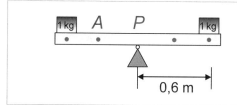

Ein masseloser Balken ist in der Mitte drehbar gelagert und wird mit Gewichten beladen.

Abb. 11: Balken in Ruhe. Kautz et al. 2018:14

Die Beobachtung zeigt, dass der Balken in Ruhe ist.
a) Was passiert, wenn das rechte Gewicht
   • in Richtung Balkenmitte verschoben wird?
   • durch ein Gewicht von 2 kg am gleichen Ort auf dem Balken ersetzt wird?
b) Ist es möglich, das 2-kg-Gewicht auf der rechten Seite des Balkens so zu platzieren, dass der Balken waagerecht und in Ruhe bleibt? Wenn ja, wo? Begründen Sie.
Kautz et al: Tutorien zur Technischen Mechanik 2018:9

Aufgabe 25   **Unterstreichen Sie beim ersten Lesen des Textes „3.8 Einteilung von Kräften" alle physikalischen und technisch relevanten Begriffe.** *(Text auf den Folgeseiten)*

3.8 Einteilung von Kräften

In der Technischen Mechanik werden Kräfte nach verschiedenen Gesichtspunkten eingeteilt, je nachdem, welche technische Fragestellung im Vordergrund steht.

**Einteilung der Kräfte 1:
Idealisierung und Vorkommen in der Natur**

Eine *Einzelkraft* mit Wirkungslinie und Angriffspunkt ist eine (gedachte) Idealisierung, die man sich so vorstellen kann: ein Körper wird über einen Faden belastet. In der Natur sind nur zwei Kräfte bekannt: die Volumenkräfte und die Flächenkräfte.

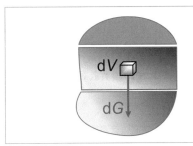

Kräfte, die über das Volumen eines Körpers verteilt sind, werden als *Volumenkräfte* bezeichnet. Ein Beispiel hierfür ist das Gewicht: Jedes noch so kleine Teilchen (infinitesimales Volumenelement dV) des Gesamtvolumens hat ein bestimmtes Teilgewicht dG. Die Summe aller im Volumen verteilten Kräfte dG *ergibt das Gesamtgewicht G.*

Abb. 12: Gross et al 2016:11/1.6 a

Flächenkräfte treten in der Berührungsfläche zweier Körper auf, z. B. ist der Wasserdruck p auf eine Staumauer flächenförmig verteilt.

Abb. 13: Gross et al 2016:11/1.6 b

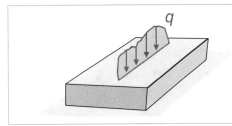

In der Mechanik verwendet man als Idealisierung noch die *Linienkraft* oder Streckenlast. Dabei stellt man sich Kräfte vor, die entlang einer Linie gleichmäßig verteilt sind, z. B. wenn man mit einer Messerschneide gegen einen Körper drückt, dann wirkt die Linienkraft q entlang der Berührungslinie.

Nach Book TM1 S. 11

Abb. 14: Gross et al 2016:11/1.6 c

Einteilung der Kräfte 2:
Eingeprägte Kräfte und Reaktionskräfte

Kräfte lassen sich auch so einteilen, dass man *eingeprägte Kräfte* und *Reaktionskräfte* voneinander unterscheidet. Als eingeprägt bezeichnet man die physikalisch vorgegebenen Kräfte bei einem mechanischen System, z. B. das Gewicht oder den Winddruck. *Reaktionskräfte* (auch: Zwangskräfte) entstehen durch die Einschränkung der Bewegungsfreiheit, d. h. durch die Zwangsbedingungen, denen ein System unterliegt.

Zum Beispiel: Auf einen fallenden Stein wirkt nur die Gewichtskraft. Hält man ihn aber in der Hand, so wird ein Zwang auf ihn ausgeübt und seine Bewegungsfreiheit eingeschränkt, denn auf den Stein wirkt dann zusätzlich die Reaktionskraft der Hand.

Einteilung der Kräfte 3:
Innere und äußere Kräfte

Eine weitere Einteilung erfolgt durch die Begriffe *äußere Kraft* und *innere Kraft*.

Eine äußere Kraft wirkt von außen auf ein mechanisches System. Sowohl eingeprägte Kräfte als auch Reaktionskräfte sind äußere Kräfte. Die inneren Kräfte wirken zwischen den Teilen eines Systems, denn die mechanischen Gesetze sind nicht nur für das Gesamtsystem, sondern auch für Teile eines Systems gültig. Die Einteilung nach äußeren und inneren Kräften hängt davon ab, welches System untersucht werden soll.

Nach: Gross et al (2016:11–13)

Aufgabe 26 a) Welche Beispiele passen zu welchen Kräften? Verbinden Sie und ergänzen Sie wichtige Stichwörter
b) Suchen Sie ein Beispiel zum Begriff „Linienkraft"

Kräfte		Beispiele	Stichwörter
Einzelkraft		Schneelast auf einem Dach, Druck eines Körpers auf der Handfläche	
Volumenkräfte		Belastung eines Körpers über eine Nadelspitze	
Flächenkräfte		Magnetische und elektrische Kräfte	
Linienkraft		?	

Aufgabe 27   **Verbinden Sie Begriffe mit ähnlicher/gleicher Bedeutung (Synonyme)**

Einteilung	durch ein Bild oder einen Vergleich sichtbar machen
einer Bedingung unterliegen	Etwas oder jemand kann sich nicht frei bewegen, Hemmung
veranschaulichen	anstatt (+ Gen.)
Idealisierung	an eine Bedingung/Voraussetzung unbedingt gebunden sein
bezüglich (+ Gen.)	Ordnung nach bestimmten Prinzipien
anstelle von	rein gedankliche Vorstellung, nicht in der Realität vorhanden
etwas unterliegt Zwangsbedingungen	etwas, das sich auf etwas Bestimmtes bezieht
Einschränkung der Bewegungsfreiheit	unveränderliche Naturgesetze wirken auf etwas ein

3.9 Freischneiden und Schnittprinzip

Reaktionskräfte kann man sich nur dadurch veranschaulichen, dass man den Körper von seinen geometrischen Bindungen löst. Diese Methode nennt man Freimachen oder Freischneiden. Das Prinzip des Freischneidens wird in den Abbildungen 16 a) und 16 b) verdeutlicht.

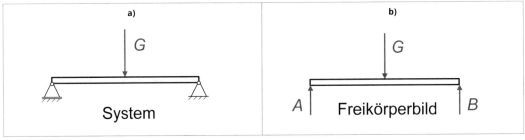

Abb. 15: Kräfte und Momente im Freikörperbild. Kautz et al. 2018:14ff

Aufgabe 28 Lesen Sie das folgende Protokoll einer Diskussion in einem Tutorium. Welche Aussage trifft zu? Warum?

Drei Studierende diskutieren, welche Momente im Freikörperbild dargestellt werden und welche nicht. Dazu bearbeiten sie folgende Aufgabe aus einem Lehrbuch:

Auf einen auf zwei Mauerstücken liegenden massenlosen Balken wirkt eine vertikale Kraft vom Betrag *F* wie im Bild rechts dargestellt.
Zeichnen Sie einen Freikörper des Balkens.

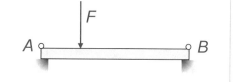

Abb. 16: Tutorial-Aufgabe

Die drei Studierenden haben folgende Freikörperbilder gezeichnet und Begründungen dafür gegeben.

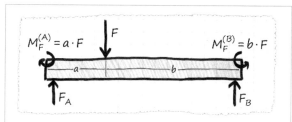

Carl: „Ich denke, dass mein Freikörperbild richtig ist, da ja die Kraft F auch Momente auf den Balken bezüglich der Auflagepunkte ausübt, die ich rechts und links mit MF eingezeichnet habe."

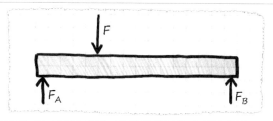

Elisa: „Ich habe gar kein Moment in mein Freikörperbild eingezeichnet, weil Momente von Einzelkräften nicht eingezeichnet werden. Nur die freien Momente stellt man im Freikörperbild dar."

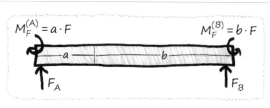

Luigi: „Ich glaube, ihr habt beide nicht ganz recht. Man kann schon die Momente einer Kraft einzeichnen, und zwar in einem beliebig gewählten Punkt im Abstand d vom Angriffspunkt, muss dann aber wegen $M = d \times F$ die Kraft aus dem Freikörperbild weglassen, so wie ich es gemacht habe."

Abb. 17: Freikörperbilder. Kautz et al. 2018: 14–15

3.10 Schritte zur Lösung statischer Probleme

Die Lösung von mechanischen Ingenieuraufgaben hängt von der Art der Problemstellung ab. In jedem Fall nützt eine klare Formulierung, um das Problem zu verstehen und zu lösen.

Aufgabe 29

Formulieren Sie sämtliche Schritte (1 – 4, auch a – f!) als Fragen an Ihre/n Lernpartner*in.

Modell:
„Hast du / haben Sie das Ingenieurproblem formuliert?"

Bewährte Schritte:
1. Formulierung des Ingenieurproblems
2. Erstellen eines mechanischen Ersatzmodells, Überlegungen zur Güte der Abbildung der Realität auf das Modell
3. Lösung des mechanischen Problems am Ersatzmodell incl.
   a) Feststellen der gegebenen und der gesuchten Größen, in der Regel mit Hilfe einer Skizze des mechanischen Systems. Den Unbekannten ist ein Symbol zuzuweisen.
   b) Zeichnen des Freikörperbildes mit allen angreifenden Kräften
   c) Aufstellen der mechanischen Gleichungen
   d) Aufstellen geometrischer Beziehungen (falls benötigt)
   e) Auflösen der Gleichungen nach den Unbekannten. Prüfen, ob die Zahl der Gleichungen mit der Zahl der Unbekannten übereinstimmt.
   f) Kenntlichmachen des Resultats
4. Diskussion und Deutung der Lösung

Nach: Gross et al (2016: 16–17)

Fokus Sprache 13: Wiederholung – Präpositionen

an auf bei zu nach in vor als zwischen neben hinter von bis durch trotz wegen für mit über unter während seit ohne …

Grammatische Grundlagen

Schon im Grundkurs Deutsch haben Sie die Wortart Präpositionen kennengelernt. Sie erinnern sich:

Präpositionen sind kleine, unveränderliche Wörter, die meist mit einem bestimmten Fall/Kasus (Akkusativ, Dativ, Genitiv) verbunden werden und zur präzisen Angabe von Ort, Zeit, Richtung, Ziel, Zweck, Grund und Ähnlichem unerlässlich sind.

Je nach Aussage kann sich der Kasus ändern, z. B. bei Ortsangaben (wo? +Dativ, wohin? +Akk.); zudem kann die Präposition mit dem folgenden Artikel verschmelzen (zu + dem = zum). Präpositionen verbinden Wörter und Wortgruppen und treten häufig in festen Verbindungen auf, z. B. „im Vergleich zu".

Aufgabe 30 **Ergänzen Sie die richtigen Präpositionen.**

Die Statik befasst sich _____ den Kräften im Gleichgewicht.

Die ersten Untersuchungen zu den Fallgesetzen gehen _____ Galileo Galilei zurück, der _____ 1564 _____ 1642 lebte.

Die Mechanik dringt heute _____ ihre Methodik der Modellbildung und mathematischen Analyse auch _____ andere Wissenschaften ein.

Kräfte kann man nicht sehen oder direkt beobachten, man erkennt sie _____ ihrer Wirkung.

Ein Stein wird _____ freien Fall _____ die Schwerkraft beschleunigt.

Damit der Stein nicht fällt, muss eine andere Kraft _____ ihn einwirken.

Eine Kraft ist eine physikalische Größe, die man _____ der Schwerkraft _____ Gleichgewicht setzen kann.

Die Kraft ist _____ drei Eigenschaften bestimmt: Betrag, Richtung und Angriffspunkt.

Zeichnerisch lässt sie sich _____ Vektor darstellen.

Tipp: Lernen Sie häufige Verben und Wortverbindungen immer zusammen mit der passenden Präposition, denn nur dann werden Sie richtig verstanden.

Aufgabe 31 **Ergänzen Sie die passende Präposition und bilden Sie Beispielsätze.**

- einwirken _____ etwas
- angreifen _____ ...
- die Einheit sein _____ etwas
- etwas bezeichnen _____ ...
- sich _____ einer bestimmten Geschwindigkeit bewegen
- sich handeln _____

- sich _____ Gleichgewicht befinden
- _____ dem Gleichgewicht kommen/geraten
- unterteilen _____ ...
- unterscheiden _____ A und B
- eine Gleichung _____ den Unbekannten auflösen
- proportional sein _____ ...

Fokus Sprache 14: Verkürzungen durch Präpositionalkonstruktionen

Wenn man Präpositionen mit einem nominalisierten Verb kombiniert, kann man damit lange Wenn-Sätze (final, konditional) verkürzen wie z.B.:

- Wenn man einen langen Satz verkürzen will – zur Verkürzung eines langen Satzes
- Wenn man Präpositionen mit einem nominalisierten Verb kombiniert – in Kombination mit einem nominalisierten Verb

Da technische Texte möglichst präzise, kurz und informativ sein sollen, wird in der technischen Kommunikation das Stilmittel der Präpositionalkonstruktion besonders häufig verwendet.

Aufgabe 32   Wandeln Sie Präpositionalausdrücke in Wenn-Sätze um – und umgekehrt.

Wenn-Sätze	Präpositionalkonstruktionen
wenn etwas im Uhrzeigersinn gedreht wird	*bei Drehung im Uhrzeigersinn*
	bei Drehung gegen den Uhrzeigersinn
wenn Kräfte auf etwas einwirken	
	beim Berechnen der Summe von F1 und F2
	während des Ausübens von Zwang auf etwas
wenn man die Reibungskräfte nicht berücksichtigt/ohne die Reibungskräfte zu berücksichtigen	

wenn man zwischen inneren und äußeren Kräften unterscheidet	
	bei Reibung zwischen sich berührenden Außenflächen

Literatur

- Gross, Dietmar; Hauger, Werner; Schröder, Jörg; Wall, Wolfgang A. (2016): Technische Mechanik 1, Statik. 13. Auflage. Springer Vieweg. Berlin Heidelberg
- Kautz, Christian; Brose, Andrea; Hoffmann, Norbert (2018): Tutorien zur Technischen Mechanik. Arbeitsmaterialien für das Lehren und Lernen in den Ingenieurwissenschaften. Springer Vieweg. Berlin Heidelberg

Links:

- www.maschinenbau-wissen.de/skript3/mechanik/statik (Zuletzt aufgerufen am 16.4.2021)

Kapitel 4

Normen und Maschinenelemente

Zusatzmaterial online
Zusätzliche Informationen sind in der Online-Version dieses Kapitel
(https://doi.org/10.1007/978-3-658-35983-6_4) enthalten.

© Springer Fachmedien Wiesbaden GmbH, ein Teil von Springer Nature 2021
M. Steinmetz und H. Dintera, *Deutsch im Maschinenbau*,
https://doi.org/10.1007/978-3-658-35983-6_4

4.1 Normen und Standards

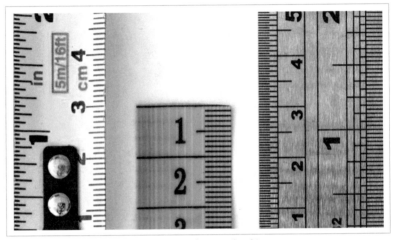

Abb. 1: Normierung von Längenmaßen. © testxchange.webarchive

4.1.1 DIN, ISO, CEN, HTML – Was ist das?

Aufgabe 1 Tragen Sie wichtige Informationen aus dem Text als Schlüssel-wörter in die Tabelle ein.

Normen und Standards gibt es überall, im geschäftlichen wie auch im privaten Leben. Im internationalen Handel erlauben gemeinsame Normen und Standards den freien Handel von Waren und Dienst-leistungen ohne zusätzliche Anpassungskosten. Für Prüfaufträge können Normen als eine gemeinsame Sprache verstanden werden, die für Auftraggeber von industriellen Tests und Prüflaboren dazu dienen, dass beide Seiten exakt wissen, wie ein Test durchzuführen ist. So erübrigt sich eine Diskussion darüber, ob die jeweils andere Seite weiß, was genau getan werden soll. Im Umfeld industrieller Prüfungen und Tests sind Normen daher absolut unverzichtbar.

Normen und Standards	
Vorkommen	
internationaler Handel	
Tests und Prüfungen in der Industrie	
Worauf kann man verzichten?	

4.1.2 Was ist eine Norm?

Eine Norm formuliert Anforderungen an Produkte, Dienstleistungen oder Verfahren. Damit schafft sie Klarheit über Eigenschaften, sichert die Qualität und garantiert Sicherheit.

Doch was bedeuten die verschiedenen Bezeichnungen wie DIN, ISO und EN? Wo liegen die Gemeinsamkeiten und Unterschiede?

4.1.3 Der Unterschied von Standards und Normen

Aufgabe 2 a) Füllen Sie die Wortschatz-Tabelle aus:

Nomen	Verb	nominalisiertes Verb	Adj./Part. II
	normieren		normal
Form			
		Standardisierung	
	basieren auf		textbasiert

b) Sammeln Sie weitere Beispiele für Normen und Standards.

Der Unterschied zwischen Normen und Standards liegt in ihrem Ursprung: *Normen* sind Regeln oder Standards, die durch *Normungsorganisationen* veröffentlicht wurden, wie zum Beispiel DINA4, eine Norm des Deutschen Instituts für Normung für ein Papierformat. *Standards* können sich auch ohne Normung bilden. Ein berühmtes Beispiel dafür ist HTML (Hypertext Markup Language), eine textbasierte Auszeichnungssprache zur Strukturierung digitaler Dokumente im Internet wie Texte mit Hyperlinks, Bildern und anderen Inhalten.

Nach: Normen und Standards ganz einfach erklärt. Testxchange 12.9.2017

4.1.4 Nationale und internationale Normen

Abb. 2: Logos von Normungsorganisationen. testxchange.webarchive

Aufgabe 3   **Unterstreichen Sie beim Lesen die Hauptinformationen.**

DIN als deutsche Norm

- Die DIN-Norm steht für einen deutschen Standard. Dieser kann sich sowohl auf materielle als auch auf immaterielle Objekte beziehen und wird vom Deutschen Institut für Normung (DIN) veröffentlicht.
- Bevor eine Norm entsteht, muss ein Interesse mehrerer Betroffener vorliegen, sich auf einen oder mehrere Standards zu einigen. Auch als Privatperson kann man ein formloses Schreiben an die DIN aufsetzen, um eine Norm anzufragen.
- Die Gesamtheit aller Normen wird als Deutsches Normenwerk bezeichnet.

EN als europäische Norm

- EN steht für „Europäische Norm" und bezeichnet einen Standard, der von einem der drei europäischen Komitees für Standardisierung ratifiziert worden ist.
- Diese drei Komitees heißen: Europäisches Komitee für Normung (CEN), Europäisches Komitee für elektrotechnische Normung (CENELEC) und Europäisches Institut für Telekommunikationsnormen (ETSI).
- Alle EN-Normen entstehen durch einen öffentlichen Normungsprozess.

ISO als internationale Norm

- Eine ISO-Norm wird im Vergleich zur DIN- oder EN-Norm zur weltweiten Vereinheitlichung genutzt. ISO steht für Internationale Organisation für Normung („International Organization for Standardization").

- Mittlerweise sind über 160 Länder in der ISO vertreten. Eine Norm wird – ähnlich wie in Deutschland – nur dann erstellt, wenn sowohl ein Interesse als auch eine gute Begründung vorliegt.
- Eine ISO-Norm gilt für jedes Mitgliedsland und ist nicht nur auf ein Land bezogen.

Besonders internationale Normen sind vor allem für die Industrie von großem Nutzen, um Bauteile, Produkte, Nahrung und Kleidung in gleicher Weise produzieren zu können, ohne dabei auf Probleme durch die unterschiedlichen Normierungen in verschiedenen Ländern zu stoßen. Zudem gibt es einen fließenden Übergang von Normen zwischen den Ländern: Beispielsweise kann eine ISO-Norm direkt in EN überführt und dann dem DIN als Vorschlag zu einer deutschen Norm eingereicht werden. Dadurch können sich Parallelen in den Normen ergeben.

Weiterhin existieren auch so genannte Werksnormen, die von den Herstellern definiert werden. Sie gelten nur innerhalb der eigenen Betriebe sowie für ihre Zulieferer und Dienstleister und verweisen oft auf externe Normen. Besonders in der Automobilindustrie sind Werksnormen weit verbreitet. Der interne Werksnormenkatalog ist im Gegensatz zu den Normen der nationalen und internationalen Normungsorganisationen, die sich meist unkompliziert aus einem digitalen Katalog bestellen lassen, in der Regel öffentlich nicht einsehbar

Nach: Normen und Standards ganz einfach erklärt. Testxchange 12.9.2017

Aufgabe 4 **Die folgende Liste enthält fehlerhafte Informationen. Finden Sie die Fehler und geben Sie die korrekten Informationen.**

a) Es genügt, wenn eine Privatperson ein Schreiben an die DIN aufsetzt, damit eine Norm entsteht.
b) Veröffentlichte DIN-Normen beziehen sich nur auf materielle Objekte.
c) Um eine ISO-Norm zu erstellen, genügt eine gute Begründung.
d) Die EN-Normen entstehen durch einen internen Normungsprozess der drei europäischen Komitees für Standardisierung.
e) Eine Überführung von internationalen zu nationalen Normen ist nicht vorgesehen.
f) Der Zugriff auf Werksnormen ist in der Regel für jedermann möglich.

Erklärung von Bezeichnungen

Abkürzung	Beispiel	Erklärung
DIN	DIN 33430	eine deutsche DIN-Norm mit überwiegend nationaler Bedeutung
DIN EN	DIN EN 14719	die deutsche Übernahme einer Europäischen Norm – Europäische Normen müssen, wenn sie übernommen werden, unverändert von den Mitgliedern von CEN und CENELEC übernommen werden.
DIN EN ISO	DIN EN ISO 9921	die deutsche Übernahme einer unter Federführung von ISO oder CEN entstandenen Norm, die dann von beiden Organisationen veröffentlicht wurde
DIN ISO	DIN ISO 10002	eine unveränderte deutsche Übernahme einer ISO-Norm

Aufgabe 5 **Formulieren Sie Relativsätze zu verschiedenen Normen.**
Modell:

Eine DIN EN ISO ist eine Norm, die unter Federführung von ISO oder CEN entstanden ist und die von Deutschland übernommen wurde.

Weiterhin werden häufig zusätzliche Informationen in die Bezeichnung eingetragen, um auf einen speziellen Teil einer Norm hinzuweisen. Ein Normenteil wird mit Bindestrich notiert (Teil 3 der DIN EN 3 als DIN EN 3-3). Das Ausgabedatum wird nach einem Doppelpunkt notiert, wie zum Beispiel bei der Norm DIN 1301-1:2002-10, welche den ersten Teil von DIN 1301 bezeichnet und im Oktober 2002 veröffentlicht wurde.

Praxisbeispiele

Aufgabe 6 **Berichten Sie über einzelne Normen, die in der Tabelle auf der nächsten Seite dargestellt sind. Verwenden Sie dabei Verben wie:**
regeln, sich beziehen auf, stammen von, betreffen, informieren über, veröffentlichen, enthalten

Modell:
Die Norm DIN EN ISO 4254-1:2016-09 informiert über generelle Sicherheitsanforderungen bei Landmaschinen.

Norm	Inhalt
DIN EN 81-20:2020-06	Sicherheitsregeln für die Konstruktion und den Einbau von Aufzügen – Aufzüge für den Personen- und Gütertransport – Teil 20: Personen- und Lastenaufzüge
DIN EN ISO 20430:2020-11	Kunststoff- und Gummimaschinen – Spritzgießmaschinen – Sicherheitsanforderungen
DIN EN 474-1:2020-03	Erdbaumaschinen – Sicherheit – Teil 1: Allgemeine Anforderungen
DIN EN ISO 4254-1:2016-09	Landmaschinen – Sicherheit – Teil 1: Generelle Anforderungen

Auswahl: Gerd Steiger, Geschäftsführer DIN-Normenausschuss Maschinenbau (NAM) 26.2.2021

Fokus Sprache 15: Grammatikwiederholung – Relativsätze

Sie erinnern sich:

Relativsätze sind meist eingeschobene Nebensätze, die mit einem Relativpronomen der, die, das bzw. welcher, welche, welches beginnen und sich auf ein Nomen im vorangegangenen Hauptsatz beziehen.

- Das Relativpronomen stimmt mit dem Bezugswort in Numerus und Genus überein.
- Der Kasus des Relativpronomens wird durch das Verb im Relativsatz oder durch die Präposition beim Relativpronomen bestimmt.
- Der Relativsatz schließt meist direkt an das Nomen an und kann in den Hauptsatz eingebettet sein.
- Wenn Relativpronomen mit einer Präposition verbunden sind – zum Beispiel bei Verben mit festen Präpositionen – wird die Präposition dem Relativpronomen vorangestellt (von dem, in die, für welchen).

Falls Sie es vergessen haben sollten – hier noch einmal die Deklinationstabelle der Relativpronomen:

Kasus	maskulin	feminin	neutrum	Plural
Nominativ	der	die	das	die
Akkusativ	den	die	das	die
Dativ	dem	denen	dem	denen
Genitiv	dessen	deren	dessen	derer

Das Schema gilt auch für welcher, welche, welches!

Aufgabe 7 **Lesen Sie die Texte über Normen noch einmal und suchen Sie darin Beispiele für Relativsätze. Unterstreichen Sie jeweils das Relativpronomen und das Bezugswort.**

Aufgabe 8 **Bilden Sie Relativsätze rund um das Thema Normen und Standards.**

Modelle:
Die Abkürzung DIN EN 81-20 (2020-06-00) bezeichnet den zwanzigsten Teil der Norm DIN EN 81 vom Juni 2020, welche die Sicherheitsregeln für Aufzüge für Personen und Lasten regelt. Die Norm, nach der heute die allgemeinen Sicherheitsanforderungen für Erdbaumaschinen geregelt sind, wurde im März 2020 publiziert.

Aufgabe 9 **Recherchieren Sie auf der Website www.din.de und berichten Sie, wie ein Normungsprozess abläuft.**

4.2 Maschinenelemente

4.2.1 Historischer Rückblick

Unter Maschinenelementen versteht man die Konstruktionselemente für die mechanischen Funktionen von Maschinen. Leonardo da Vinci hat bereits 1492 die Prinzipien, wie die mechanischen Funktionen von Maschinen durch elementare Elemente realisiert werden, skizziert. Der Codex Madrid I, in dem sich die Skizzen dieser Elementi macchinali befinden, wurde 1965 wieder entdeckt. Diese Prinzipien sind zeitlos und gelten universell – bis hin zur Mikromechanik.

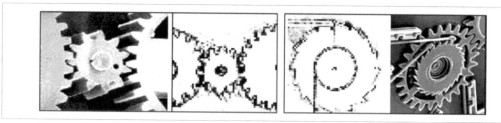

Abb.3: Beispiele mikromechanischer Zahnräder und Getriebe (Rasterelektronenmikroskopie, 100--Maßstab) im Vergleich zu den Skizzen Leonardo da Vincis. Czichos 2019:186

Der deutsche Ingenieur Franz Reuleaux, der in Zürich und Berlin lehrte und maßgeblich zur Etablierung des Maschinenbaus als wissenschaftlicher Disziplin beitrug, entwickelte 1875 mit seiner Theoretischen Kinematik eine Systematisierung der Maschinenelemente, indem er diese als Mechanismen von Maschinen in 22 elementare Klassen einteilte.

Nach Czichos 2019:185

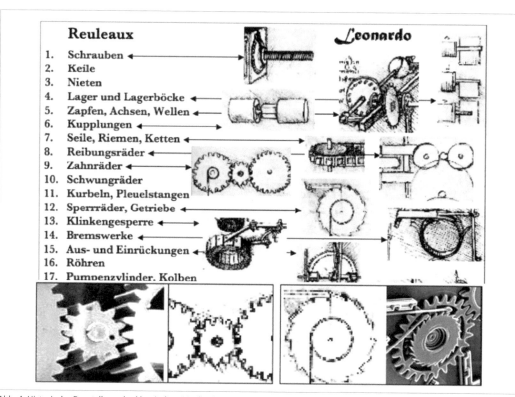

Abb. 4: Historische Darstellung der klassischen Mechanismen von Maschinen. Czichos 2019:186

Aufgabe 10   Welche Begriffe der Wortliste links kennen Sie? Welche können Sie mit Hilfe der Skizzen in Abb. 4 entschlüsseln?

Aufgabe 11   Übersetzen Sie die deutschen Wörter ins Englische sowie – wenn passend – in Ihre Muttersprache und skizzieren Sie die Elemente in die 4. Spalte.

deutsch	englisch	weitere Sprache(n)	Skizzen von Maschinen-elementen
der Flaschenzug			
das Ventil			
die Kurbel			
der Kolben			
das Getriebe			
das Zahnrad			
die Feder			
die Welle			
die Schraube			
die Achse			
die Nocke			
der Keil			
die Niete			
der Zylinder			
die Pleuelstange			
die Kette			
das Schwungrad			
der Zapfen			

4.2.2 Die elementaren Kategorien der Maschinenelemente

Die Konstruktionssystematik von heute gliedert die einzelnen Kategorien nach dem Wirkprinzip; es geht somit um Funktion und Wirkung.

Kategorie		Konstruktionselemente: Wirkprinzip
Bauteilverbindungen		Feste Lagezuordnung von Bauteilen durch Form-, Kraft(Reib)- oder Stoffschluss
Federn		Aufnehmen, Speichern und Übertragen mechanischer Energie (Kräfte, Momente, Bewegungen)
Tribologische Systeme	Lager und Führungen	Aufnahme und Übertragen von Kräften zwischen relativ zueinander bewegten Komponenten mit vorgegebenen Freiheitsgraden
	Kupplungen und Gelenke	Übertragen von Rotationsenergie (Drehmomente, Drehbewegungen) über Wirkflächenpaare von Wellensystemen
	Getriebe	Übertragen von Leistungen über Formschluss oder Reibschluss von Wirkflächenpaaren bei Änderung von Kräften, Momenten und Geschwindigkeiten
Elemente zur Führung von Fluiden		Führen, Verändern und zeitweises Sperren von Fluiden nach Gesetzen der Hydro- und Gasdynamik
Dichtungen		Sperren oder Vermindern von Fluid- oder Partikelströmen durch Fugen miteinander verbundener Bauteile

Aufgabe 12 Bilden Sie zu den angegebenen Kategorien von Maschinenelementen und ihrem jeweiligen Wirkprinzip bedeutungsgleiche Sätze mit Nominal- bzw. Verbalkonstruktionen.

Modell:
- Nominalkonstruktion: *Bauteilverbindungen dienen der festen Lagezuordnung von Bauteilen.*
- Verbalkonstruktion: *Bauteilverbindungen ordnen Bauteilen eine feste Lage zu.*

4.2.3 Tribologische Systeme bei der Bewegung von Maschinenelementen

In der Technik können sowohl Übertragungen von Bewegungen, Kraft und Energie als auch die Bearbeitung und Umformung von Material nur durch kontaktierende, relativ zueinander bewegte Bauelemente realisiert werden. Dies ist stets mit Reibung sowie häufig mit Verschleiß verbunden und zählt zum Aufgabenbereich der Tribologie (griechisch: tribein = reiben). Die Abbildung 5 zeigt eine Übersicht über tribologische Systeme des Maschinenbaus und ihre gemeinsamen Kennzeichen, nämlich die Systemstruktur, die Systemfunktion, die tribologische Beanspruchung, die Reibung und den Verschleiß.

Nach: Czichos (2019:189)

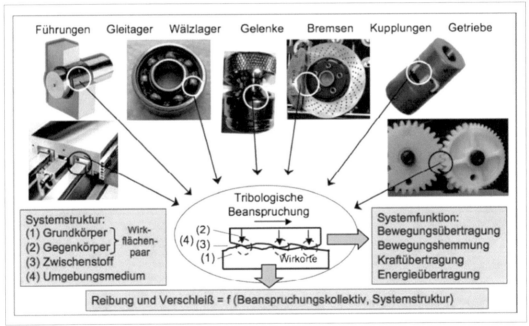

Abb. 5: Tribologische Systeme des Maschinenbaus und ihre gemeinsamen Kennzeichen: Systemstruktur, Systemfunktion, tribologische Beanspruchung, Reibung und Verschleiß. Czichos 2019:190

Aufgabe 13   Erklären Sie die Begriffe „Wirkflächenpaar" und „Wirkort" mit passenden Beispielen.

Aufgabe 14 Formulieren Sie eine Bildbeschreibung von Abb. 5 nach der Gliederung:
1. Einleitung: Hauptthema? Worum geht es?
2. Verschiedene Beispiele aus dem Maschinenbau und ihre gemeinsame Systemstruktur
3. Unterschiedliche Funktionen der Systeme
4. Gemeinsamkeit: Tribologische Beanspruchung – was geschieht?
5. Fazit: Bedeutung von f

4.2.4 Schraubenverbindungen

Grundlagen

Die Schraube ist das am häufigsten eingesetzte Maschinen- und Verbindungselement. Sie wird in den verschiedenartigsten Formen hergestellt und genormt. Die Maschinenelemente Schraube und Mutter bilden zusammen das Funktionselement Gewinde. Alle Schraubverbindungen bestehen immer aus zwei Teilen, nämlich dem Innengewinde und dem Außengewinde. Eines dieser Elemente für sich allein ist nutzlos. Meist wird ein Element mit Innengewinde Mutter genannt. Ein Element mit Außengewinde wird meistens als Gewindebolzen bezeichnet, wofür auch vereinfachend der Begriff Bolzen genutzt wird.

Die Schraubenverbindung beruht auf der Paarung von Schraube bzw. Gewindestift mit Außengewinde und einem Bauteil mit Innengewinde, meist einer Mutter, wobei zwischen beiden im Gewinde ein Formschluss erzielt wird.

Je nach Nutzung der Schraubfunktion unterscheidet man:
• Befestigungsschrauben
• Bewegungsschrauben
• Dichtungsschrauben

Ferner gibt es Einstellschrauben, Messschrauben u.a.
Nach Labisch/Wählisch (2020:167) und Roloff/Matek (2019:241f)

Aufgabe 15 Erklären Sie die Bedeutung der Begriffe „Paarung" und „Formschluss" mit Ihren Worten

Aufgabe 16   Welche Funktion erfüllen folgende Schrauben? Schreiben Sie die treffende Bezeichnung ein.

Hier wandeln die Schrauben Drehbewegungen in Längsbewegungen um bzw. sie erzeugen große Kräfte. Technisch selten genutzt, aber möglich ist auch eine Umwandlung von Längsbewegungen in Drehbewegungen.

Schrauben dieser Art verschließen Öffnungen zum Einfüllen und Auslaufen von Fluiden.

Diese Schrauben stellen eine Spannverbindung her. Hier führt die Drehbewegung der Schraube zum Verspannen von (meist) zwei Bauteilen, d.h. kinetische Energie wird in potenzielle Energie umgewandelt.

Gewindearten

Die Gewinde werden nach der Profilform, z.B. einem Dreieck oder einem Trapez, nach der Steigung, der Gangzahl und dem Windungssinn unterschieden. Die Grundformen einiger gebräuchlicher Gewinde sind:

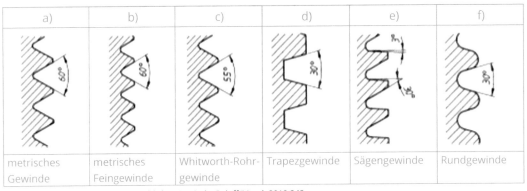

a)	b)	c)	d)	e)	f)
metrisches Gewinde	metrisches Feingewinde	Whitworth-Rohrgewinde	Trapezgewinde	Sägengewinde	Rundgewinde

Abb. 6: Grundformen einiger gebräuchlicher Gewinde. Roloff/Matek 2019:242

Aufgabe 17 Beschreiben Sie die verschiedenen Gewinde mit Ihren Worten. Praktisch ist u. a. die Verwendung von Adjektiven mit dem Suffixoid -förmig.

Beispiel für Normierung: Das metrische ISO-Gewinde

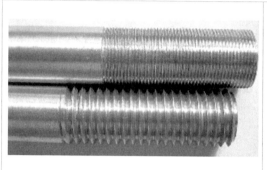

Wenn Geometrie und Abmessungen passen, kann ein Gewinde verschraubt werden. Damit es passt, gibt es Normen. Das *metrische ISO-Gewinde* (auch: *Regelgewinde*) ist nach DIN 13-1 genormt in einem Durchmesserbereich zwischen d = 1 mm und d = 68 mm. Da sehr viele Abmessungen das Gewinde definieren, wäre es unpraktisch, alle Abmessungen zu nennen, um ein bestimmtes Gewinde zu erhalten.

Abb. 7: Metrisches Gewinde und Feingewinde. Labisch/Wählisch 2020:173

Deshalb verwendet man Kennbuchstaben, um die gewünschte Gewindeform anzuzeigen (z.B. „M" für ein metrisches ISO-Gewinde nach DIN 13-1) und das Nennmaß für den Durchmesser (z.B. „16" für den Nenndurchmesser von d = D = 16 mm). Alle anderen Abmessungen können dann aus der Kennzeichnung „M16" abgeleitet werden, weil sie in der Norm (hier DIN 13) verbindlich vorgeschrieben sind.

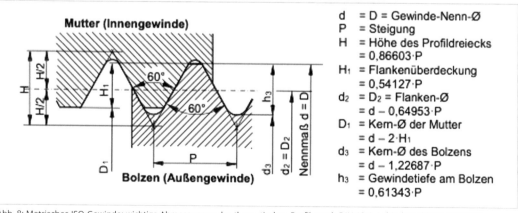

Abb. 8: Metrisches ISO-Gewinde: wichtige Abmessungen des theoretischen Profils nach DIN 13-1. Labisch/Wählisch 2020:172

Aufgabe 18 Formulieren Sie drei bis fünf vollständige Sätze zu den Abmessungen eines M16-Gewindes nach DIN 13-1.

Modell:
Das Nennmaß d (klein d) gleich D (groß D) steht für den Gewindenenndurchmesser von 16 Millimeter.

Fokus Sprache 16: Wiederholung – Verbalisierung von Formeln, Zahlen, Symbolen

Man benützt eine Basis von Standardverben, wenn man präzise Angaben von Zahlen, Maßen, Formeln, Symbolen und Zeichen aller Art verbalisieren, also in Worten ausdrücken will. Aus Gründen der Sprachökonomie werden diese Verben zwar häufig weggelassen, doch für Situationen wie z.B. eine mündliche Prüfung oder eine Präsentation sollte man diese Redemittel sicher und automatisch beherrschen.

ausmachen, bedeuten, bestimmen, betragen, einen Betrag haben, beziehen, entsprechen, sich ergeben, sein, stehen für, zuordnen, zuweisen

Aufgabe 19 Ergänzen Sie die Lücken und suchen Sie weitere Verwendungsbeispiele mit den Verben

Die Gewindetiefe am Bolzen (1) _____ $0{,}61343 \cdot P$. Das Kopfspiel (2) _____ bei einer Steigung von $P = 4$ m einen (3) _____von $a_c = 0{,}25$ mm. Bei der Abwicklung der Schraubenlinie (4) _____ _____ der Steigungswinkel φ, (5) _____ auf den Flankendurchmesser d_2. Hier (6) _____ n die Gangzahl. Die Quersumme einer Zahl (7) _____ _____ aus der Summe ihrer einzelnen Ziffern. Ein Vektor ist stets durch Betrag und Richtung (8) _____. Die Winkelsumme in einem Trapez (9) _____ 360°. Die Summe h (10) _____ _____ aus den Summanden h_f und h_a. Der Buchstabe P (11) _____ _____ die Steigung. D_1 (12) _____ der Angabe des Kerndurchmessers der Mutter. Das Symbol ∞ (13) _____ *unendlich*. Der griechische Buchstabe Σ wird in der Mathematik dem Begriff *Summe* (14) _____. In Abbildung 8 (15) _____ sowohl der Winkel in der Mutter als auch im Bolzen 600 (16) _____.

Die DIN-Norm 13-1 (17) _____ dem Profildreieck eine Höhe von 0,86603·P (18) _____. Der Betrag von H_1 muss geringer (19) _____ als H.

Aufgabe 20 a) Unterstreichen Sie im folgenden Text die Definition für den Begriff „Toleranz".

b) Welche Gruppen von Toleranzen werden im Text unterschieden?

Toleranzen

Das Ziel einer Konstruktion ist, dass das konstruierte Bauteil seine Funktion erfüllen kann. Da die einzelnen Bestandteile einer Maschine oder Anlage ja getrennt gefertigt werden, kann das Zusammenspiel und damit die Funktionsfähigkeit der Einzelteile nicht sofort an Ort und Stelle überprüft werden. Trotzdem sollen die Einzelteile nach dem Einbau tadellos funktionieren. Um dies sicher zu stellen, werden sie mit Toleranzen versehen. Unter Toleranzen versteht man maximal zulässige Abweichungen. Bei den Toleranzangaben in Technischen Zeichnungen unterscheidet man zwischen Maß-, Form- und Lagetoleranzen. In DIN EN ISO 8015 wird das Unabhängigkeitsprinzip als Grundsatz der Tolerierung festgelegt; es besagt, dass Maß-, Form- und Lagetoleranzen unabhängig voneinander einzuhalten sind.

Im ISO-Toleranzsystem unterscheidet man Toleranzgrade in drei Gruppen, nämlich kleine, mittlere und große Toleranzen. Kleine Zahlenwerte stehen für enge Toleranzen und große Zahlenwerte kennzeichnen große Toleranzen.

Nach Labisch/Wählisch 2020:129 ff

	Kleine Toleranzen	Mittlere Toleranzen	Große Toleranzen
Grundtoleranzgrade	01 0 1 2 3 4	5 6 7 8 9 10 11	12 13 14 16 17 18

Aufgabe 21 Welches Wort gehört nicht zu der Gruppe ähnlicher Bedeutungen? Streichen Sie weg.

Gruppe 1	Gruppe 2	Gruppe 3
zulässig	vom Kurs abweichen	tadellos
vertraut	eine bestimmte Richtung verlassen	ohne Fehler
erlaubt	eine Route ändern	kritiklos
zugestanden	einen Weg zurückgehen	sehr gut

4.2.5 Schrauben und Muttern

Es existiert eine enorme Vielfalt an Schrauben und Muttern, die sich durch ihre Formen, aber auch das Material, aus dem sie hergestellt sind, unterscheiden. Ferner gibt es noch weitere Elemente, wie z. B. Scheiben, Ringe, Sicherungen usw. Die Auswahl der hier vorgestellten Schrauben beschränkt sich auf den metallbearbeitenden Bereich. Andere Schraubenformen und Materialien finden sich bei der Kunststoff- oder Holzbearbeitung.

Normierte Schrauben und Muttern im Metallbereich lassen sich grundsätzlich unterscheiden nach
- der Kopfform,
- der Schaftform und
- der Form der Gewindeenden.

Diese Formelemente können frei kombiniert werden. Die Benennung in der Praxis erfolgt dann nach dem Merkmal, welches für die Funktionserfüllung am wichtigsten ist. In der Regel ist dies die Grundgestalt des Schraubenkopfes, weil diese auch das Montagewerkzeug bestimmt.

Beispiele für Kopfschrauben

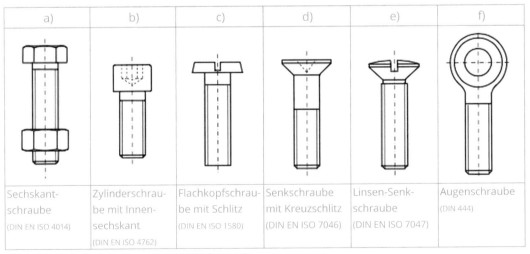

a)	b)	c)	d)	e)	f)
Sechskant-schraube (DIN EN ISO 4014)	Zylinderschraube mit Innensechskant (DIN EN ISO 4762)	Flachkopfschraube mit Schlitz (DIN EN ISO 1580)	Senkschraube mit Kreuzschlitz (DIN EN ISO 7046)	Linsen-Senk-schraube (DIN EN ISO 7047)	Augenschraube (DIN 444)

Abb. 9: Beispiele für Kopfschrauben. Labisch/Wählisch 2020:180

Beispiele für Muttern

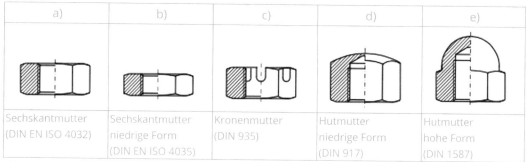

a)	b)	c)	d)	e)
Sechskantmutter (DIN EN ISO 4032)	Sechskantmutter niedrige Form (DIN EN ISO 4035)	Kronenmutter (DIN 935)	Hutmutter niedrige Form (DIN 917)	Hutmutter hohe Form (DIN 1587)

Abb. 10: Beispiele für verschiedene Mutternformen. Labisch/Wählisch 2020:184

Aufgabe 22   Welche Werkzeuge würden Sie für die Montage der verschiedenen Schrauben und Muttern verwenden? Sammeln Sie Wörter dafür – gerne auch in verschiedenen Sprachen.

Aufgabe 23   In Abb. 11 sehen Sie 5 Schraubenkopfformen in symbolischer Darstellung. Welche Bezeichnung passt zu welchem Bild? Ordnen Sie zu.

Innensechskant, Schlitz, Kreuzschlitz, Innensechsrund, erweiterter Schlitz

a)	b)	c)	d)	e)

Abb. 11: Beispiele für Kopfformen in symbolischer Darstellung. Labisch/Wählisch 2020:181

Schraubverbindungen und Gewindeteile, die in der Praxis viel benutzt werden, stellt man häufig vereinfacht, doch normgerecht dar.

Aufgabe 24   Schreiben Sie die passenden Bezeichnungen zu den Skizzen in Abb. 12 und die Oberbegriffe in die 1. Zeile.

Zylinderschaube mit Innensechskant, Vierkantmutter, Senkschraube mit Kreuzschlitz, Sechskantmutter, Sechskantschraube, Kronenmutter, Flügelschraube, Flügelmutter

...		...	
Bezeichnung	vereinfachte Darstellung	Bezeichnung	vereinfachte Darstellung

			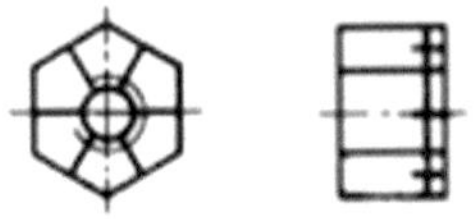
	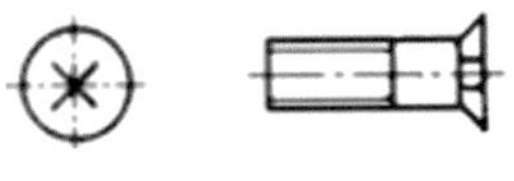		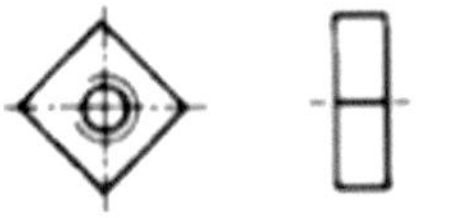
			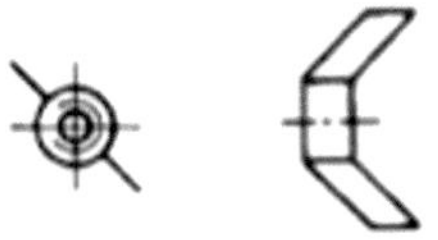

Abb. 12: Beispiele für vereinfachende Darstellung von Gewindeteilen nach DIN ISO 6410-3. Labisch/Wählisch 2020:192

Beispiele für Schaftformen und Schraubenenden

Auch bei den Formen für den Schaft oder für die Formen, in denen Schrauben enden, gibt es vielfältige Variationen und dementsprechend zahlreiche Benennungen. Bei den Enden ist darauf zu achten, ob die Schraube unterschiedliche Enden hat; dies muss dann extra gekennzeichnet werden. Zur Kennzeichnung verwendet man meist die Kurzzeichen aus den entsprechenden Normen.

Aufgabe 25 **Ergänzen Sie die Lücken im Text.**

Der Begriff Schaft steht (1) _____ den mittleren Teil (2) _____ Schraube. (3) _____ den Schaftformen unterscheidet man (4) _____ Starrschrauben und Dehnschrauben. Dehnschrauben haben einen verjüngten Mittelteil (5) _____ Gewinde, (6) _____ dem der Durchmesser (7) _____ etwa 90 % reduziert ist. (8) _____ Anziehen der Schraube (9) _____ sich dieser Bereich, (10) _____ wirkt er (11) _____ eine Feder. (12) _____ den unbeweglichen, also starren Schrauben (13) _____

die Pass-Schraube, (14) _____ diese (15) _____ Schaft einen
Bereich aufweist, der passgenau (16) _____ die Durchgangsboh-
rung abgestimmt ist. Damit werden die Funktion Halten (durch das
Gewinde) und die (17) _____ Positionieren (18) _____
den Passdurchmesser in (19) _____ Bauelement umgesetzt.
Eine Sonderform dieser Pass-Schäfte (20) _____ Führungs-
zylinder gewährleistet (21) _____ von Längsrillen
eine Verdrehsicherung.

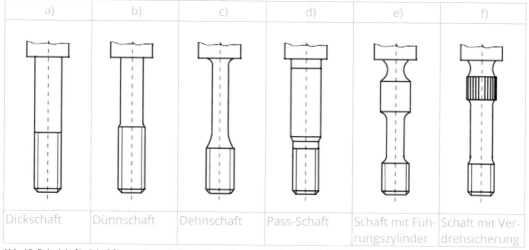

Abb. 13: Beispiele für Schaftformen in symbolischer Darstellung. Labisch/Wählisch 2020:182

Aufgabe 26   Überlegen bzw. recherchieren Sie, inwieweit Sie die Kurzzeichen
durch englische Begriffe erklären können.

RL	CH	RN	SD	LD
ohne Kuppe	Kegelkuppe	Linsenkuppe	kurzer Zapfen	langer Zapfen

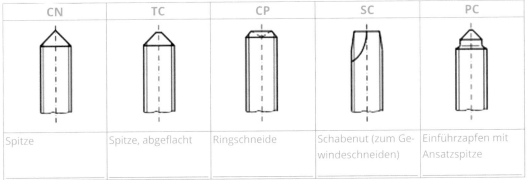

CN	TC	CP	SC	PC
Spitze	Spitze, abgeflacht	Ringschneide	Schabenut (zum Gewindeschneiden)	Einführzapfen mit Ansatzspitze

Abb.14: Beispiele für Schraubenenden nach DIN EN ISO 4753. Labisch/Wählisch 2020:182

Fokus Sprache 17: Sprachreflexion – Typischer Mix von Deutsch und Englisch

Für die mündliche und schriftliche Kommunikation (nicht nur) im Fach Maschinenbau im deutschsprachigen Raum ist es besonders typisch, dass ein Mix aus deutschen und englischen sprachlichen Mitteln benutzt wird. Dabei gibt es zahllose Unterschiede in der Verwendung der beiden Sprachen, wie die folgenden Szenarien andeuten:

Szenario 1

Ein Student aus Afrika macht ein Praktikum in einer Firma in Baden-Württemberg, die Maschinenteile herstellt. Alle in der Firma sprechen Deutsch miteinander, die meisten davon im schwäbischen Dialekt. Für bestimmte Dinge im IT-Bereich, in der Fertigung und bei den Werkzeugen werden jedoch immer die englischen Fachwörter benutzt. Diese Wörter versteht der Student, der laut TestDaF ein Niveau von B1 hat, problemlos, während er sich in der Kantine auf Deutsch nur mit den drei Mitarbeitern aus Norddeutschland unterhalten kann.

Szenario 2

Drei Studentinnen arbeiten an einem gemeinsamen Semesterprojekt. Die eine stammt aus Frankreich, die andere aus Korea, die dritte aus Deutschland. Die Französin und die Koreanerin haben in ihrer Heimat auf internationalen Schulen Deutsch gelernt. Die drei haben jedoch als Kommunikationssprache Englisch gewählt, was bei ihren Gesprächen miteinander gut funktioniert. Aber das Vorlesungsskript, das die fachliche Basis für ihr Projekt darstellt, ist auf Deutsch geschrieben, die weitere Fachliteratur teils in Deutsch, teils in Englisch.

Szenario 3

Ein älterer Leitender Ingenieur und ein junger Forscher, beide deutsche Muttersprachler, arbeiten in einer internationalen Gruppe zusammen. Alle switchen ständig zwischen den beiden Sprachen hin und her. Der ältere Ingenieur hat sehr viel Praxiserfahrung, von der er gerne erzählt und von der alle profitieren, der junge Forscher hat seinen PhD auf Englisch geschrieben und kennt mehr englische als deutsche Fachwörter. Manchmal gibt es Verständigungsschwierigkeiten.

Aufgabe 27 **Überlegen und diskutieren Sie:**

a) Welche Szenarien zu „Mix aus Deutsch und Englisch" haben Sie erlebt?

b) Kennen Sie professionelle Situationen, in denen nur eine der beiden Sprachen vorkommt?

c) Kennen Sie deutsche Fachtexte aus dem Maschinenbau, in denen kein englisches Wort vorkommt?

Bezeichnungen nach Norm

Für den Aufbau der Bezeichnung genormter Schrauben und Muttern gilt nach DIN 962 ein festes Schema.

Buch-staben	Platzhalter für	Beispiele
A =	Benennung	Sechskantschraube, Stiftschraube
B =	zugehörige Norm-Hauptnummer	ISO 4014, DIN 938
C =	Form des Schaftes (falls erforderlich)	Dünnschaft
D =	Gewinde	M20 oder M20x1,5 oder M20 – LH
E =	Nennlänge	80 mm
F =	Gewinde- oder Schaftlänge (falls erforderlich)	30 mm
G =	Formbuchstaben für bestimmte zusätzliche Merkmale	K für Kegelkuppe (wenn mehrere Merkmale, dann in alphabetischer Reihenfolge)
H =	Schlüsselweite (falls erforderlich)	2 mm
K =	Festigkeitsklasse, Härteklasse oder Werkstoff	bei Schrauben nach DIN EN ESO 898-1: 8.8 für Rm = 800N/mm²
L =	Produktklasse	B für mittel
M =	Formbuchstabe für Kreuzschlitz (falls erforderlich)	
N =	Oberflächenbehandlung (falls erforderlich)	

Abb. 15: Formelschema der Bezeichnung genormter Schrauben und Muttern nach DIN 962. Roloff/Matek (2019: 247)

Die Angabe der Normteile Schrauben und Muttern erfolgt nach DIN 962. Dort ist genau definiert, welche Angaben zu geben sind und in welcher Reihenfolge sie stehen müssen. Dies ist sehr wichtig, weil viele der Angaben reine Zahlenangaben sind und es sonst zu Verwechslungen kommen könnte. Die Bezeichnung erfolgt nach der o. g. Formel, wobei die hier angegebenen Buchstaben nur Platzhalter darstellen.

In der Regel genügen einige wenige Angaben. Beispielsweise ergibt sich bei einer Sechskantschraube nach DIN EN ISO 4014 mit M12-Gewinde, der Nennlänge 50 mm und der Festigkeitsklasse 8.8 einfach:

> Sechskantschraube ISO 4014 – M12x50 – 8.8

Nach dem Platzhalter-Schema (Abb. 14) handelt es sich also um eine Schraube mit der Benennung Sechskantschraube, der Norm-Hauptnummer DIN 4014, dem Gewinde M12, der Nennlänge 50 mm und der Festigkeitsklasse 8.8

Aufgabe 28 **Beschreiben Sie nach diesem Modell folgende Schrauben so präzise wie möglich:**

1. ISO 1207 –M6 x 25 – 4.8 (Zylinderschraube)
2. DIN 609 – M20 x 80 –12.9 (Sechskant-Passschraube)
3. ISO 4762 – M8 x 30 – 10.9 (Zylinderschraube mit Innensechskant)

Fokus Sprache 18: Sprachliche Mittel zur Angabe von Funktionen

Wenn man über Maschinenelemente spricht, ist es von zentraler Bedeutung, die Funktion der einzelnen Bauteile anzugeben. Gut geeignet sind dazu bestimmte Redemittel sowie grammatische Formen wie der Infinitiv mit um ... zu, Nebensätze mit der Konjunktion dass und ferner die Nominalisierungen.

Das folgende Beispiel zeigt modellhaft einige sprachliche Kombinationen mit dem Verb übertragen:

Redemittel	Modellsätze
zu etwas dienen	Etwas dient zum Übertragen von ...
da sein, um zu	Etwas ist dazu da, um ... zu übertragen
die Funktion haben	Etwas hat die Funktion der Übertragung
Die Funktion liegt in ...	Die Funktion von ... liegt in der Übertragung von ...
Die Funktion besteht darin, dass ...	Die Funktion von ... besteht darin, dass ... überträgt

Aufgabe 29   **Bilden Sie Sätze nach dem Modell. Verwenden Sie alle Redemittel und alle grammatischen Formen der Modellsätze.**

Modell:

Die Hauptfunktion von Wellenenden besteht darin, dass sie Drehmomente übertragen.

- Welle – Drehmomente und -Drehbewegungen – übertragen.
- Achse – eines oder mehrere drehende Bauteile – wie z. B. Rollen oder Räder – lagern
- Polygonprofile (auch: Unrundprofile) – stoßartige Drehmomente – übertragen
- Dichtungen – Stoffverluste und Verunreinigungen – vermeiden
- Lager – radiale und/oder axiale Kräfte – zwischen rotatorisch zueinander bewegten Bauteilen – übertragen
- Zahnräder – zwei Drehungen – oder einer Drehung und einer linearen Bewegung – übertragen
- Nutmuttern – Bauteile auf Wellen – axial – sichern

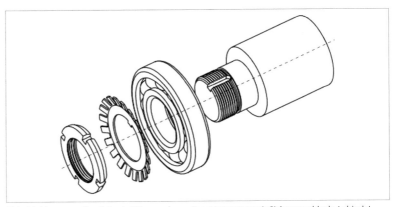

Abb. 16: Montagereihenfolge bei Verwendung einer Nutmutter mit Sicherungsblech. Labisch/Wählisch 2020:224

- Passfedern sind Welle-Nabe-Verbindungen, welche ... – Drehmoment- und Kraftübertragung – sicherstellen
- Statische Dichtungen (auch: ruhende Dichtungen) – Übergang von gasförmigen, flüssigen und festen Stoffen – zwischen relativ zueinander ruhenden Bauteilen – verhindern
- Dynamische Dichtungen – zwischen relativ zueinander bewegten Bauteilen – verhindern

4.2.6 Lager

Das Wort Lager kann in der deutschen Sprache viele Bedeutungen einnehmen. Im technischen Kontext des Maschinen- und Gerätebaus bezeichnet man damit Maschinenelemente zum Führen gegeneinander beweglicher Bauteile. Damit haben Lager die Aufgabe, zwischen rotatorisch relativ zueinander bewegten Bauteilen radiale und/oder axiale Kräfte zu übertragen. Meist geht es darum, Radial- oder Axialkräfte, die auf drehende Achsen oder Wellen einwirken, gegen das Gehäuse abzustützen. Wegen der Relativbewegungen zwischen Lager und gelagertem Teil sind dabei Reibungskräfte zu überwinden, die es durch eine geeignete Lagerkonstruktion zu minimieren gilt.

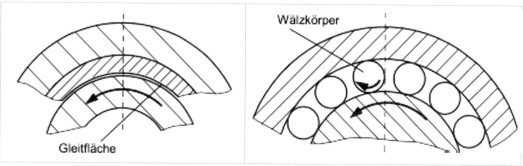

Abb. 17: Prinzip der Gleit- und Wälzlagerung. Labisch/Wählisch 2020:229

Grundsätzlich unterscheidet man zwischen *Gleitlagern* und *Wälzlagern*:
- Bei Gleitlagern findet eine unmittelbare Gleitbewegung zwischen Lager und gelagertem Teil statt. Um die Reibung zu vermindern, wird die Gleitfläche mit Fett oder Öl geschmiert.
- Bei Wälzlagern findet über so genannte Wälzkörper, die sich zwischen Achse/ Welle und dem kraftaufnehmenden Bauteil (z.B. Gehäuse) befinden, eine Abwälzbewegung statt. Ziel ist hier, statt gleitender Reibung (Gleitreibung) rollende Reibung (Rollreibung) zu bekommen, denn deren Betrag ist viel geringer. Eine Schmierung wird auch in einem Wälzlager benötigt.

Nach: Labisch/Wählisch (2020:229)

Wälzlageraufbau

Wälzlager sind einbaufertige, genormte Maschinenelemente. Ein Wälzlager besteht aus zwei Ringen, den dazwischen angeordneten Wälzkörpern und dem so genannten Käfig.

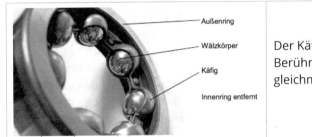

Außenring	Der Käfig verhindert eine gegenseitige Berührung der Wälzkörper und verteilt sie gleichmäßig.
Wälzkörper	
Käfig	
Innenring entfernt	

Abb. 18: Aufbau eines Wälzlagers; hier Rillenkugellager ohne Innenring. Labisch/Wählisch 2020:230

Als Wälzkörper werden gehärtete, geschliffene und polierte Kugeln, Zylinder oder Kegel eingesetzt. Je nach ihrer Geometrie werden Zylinder und Kegel als Wälzkörper auch als „Rollen" oder – wenn sie sehr klein sind – als „Nadeln" bezeichnet, zu bauchigen Zylindern sagt man auch „Tonnen". Form und Anordnung der Wälzkörper geben dem jeweiligen Wälzlager seinen Namen, wie z.B. Kugellager, Zylinderrollenlager, Nadellager, Tonnenlager.

Aufgabe 30 **Welche Bezeichnungen passen zu welchem Foto? Ordnen Sie zu.**

Zylinderrollenlager, Pendelkugellager, Nadelrollenlager

a) _____	b) _____	c) _____

Abb. 19: Verschiedene Wälzlager. Labisch/Wählisch 2020:235/236

Bemerkenswert an Wälzlagern ist die Tatsache, dass ihr Aufbau stets der gleiche ist, unabhängig von den Abmessungen. So kann man beispielsweise ein einreihiges Rillenkugellager für einen Wellendurchmesser von d = 3 mm bis zu d = 340 mm direkt aus dem Katalog bestellen.

Aufgabe 31   Fassen Sie zusammen:
  a) Was ist der grundlegende Unterschied im Aufbau zwischen Gleit- und Wälzlagern?
  b) Aus welchen Elementen besteht ein Wälzlager?
  c) Wo und warum verwendet man Öl?
  d) Was ist die Funktion des Käfigs?

Fokus Sprache 19: Wiederholung Partizip I und II

Erinnern Sie sich an den Unterschied von Partizip I und Partizip II? Das Partizip I ist relativ selten, während das Partizip II zur Bildung des Perfekts und damit sehr häufig gebraucht wird. Die Verwendung der richtigen Form ist für präzise temporale Angaben entscheidend.

Partizip I steht für einen *laufenden* Prozess: **rollend, treibend**
Partizip II: steht für einen *abgeschlossenen* Prozess: **gerollt, getrieben**

Aufgabe 32   Suchen Sie aus dem Text über Lager fünf Verben aus und tragen Sie die Formen in die Tabelle ein:

Modell:
pendeln   pendelnd   gependelt

Infinitiv	Partizip I	Partizip II
bezeichnen		

Aufgabe 33   Sammeln Sie Beispiele für unterschiedliche Lager aus Ihrem Alltag.

Fokus Sprache 20: Zum Unterschied von Wortbedeutungen je nach Kontext

Wie anfangs erwähnt, kann das Wort Lager in der deutschen Sprache sehr viele Bedeutungen einnehmen. Je nach fachlichem Bereich bedeutet dasselbe Wort etwas ganz anderes. Fachbegriffe und fachsprachliche Termini sind immer genau definiert; in anderen Kontexten variieren die semantischen Ebenen der Wörter. Bei einem so vielfältig verwendeten Wort wie Lager sollte man – auch wenn man es im technischen Kontext mit eingeschränkter Bedeutung gebraucht – nicht vergessen, dass es in anderem Kontext ganz anders benützt werden kann.

Aufgabe 34   **Schreiben Sie den passenden Kontext in die 3. Spalte.**

Begrifflichkeit	Bedeutung	Kontext
Lager, Endlager	besonders sichere und geschützte Deponie, vor allem für chemische und radioaktive Abfälle	
Lager	Raum oder Halle, in der man Waren abstellt, die man im Augenblick nicht braucht	
Lager, Kohlenlager, Erzlager, Minerallager	Schicht eines Minerals, eines Metalls, eines bestimmten Stoffes in der Erde oder im Gestein, ≈ Mine	
Lagerhaltung	bei Hühnern und anderem Geflügel; Gegenteil: Freilandhaltung	
Lager	Camp, Ansammlung von Zelten: Flüchtlingslager, Zeltlager, Pfadfinderlager ...	
Lager	Gefangenenlager, Gefängnisgelände mit besonders schlechten Bedingungen	
Lager	politische Zuordnung: Parteien, Gruppierungen, Staaten mit jeweils ähnlichen Standpunkten; politischer Gegner – das gegnerische Lager	

4.2.7 Zahnräder und Zahnradgetriebe

Zahnräder dienen der formschlüssigen Kraftübertragung zwischen zwei Wellen. Sie bestehen aus einem Radkörper mit gesetzmäßig gestalteten Zähnen, wobei jeder Zahn eine Rechts- und eine Linksflanke aufweist, die je nach Drehrichtung Arbeits- oder Rückflanke sein kann. Die Zähne greifen bei Drehung der Welle nacheinander in die entsprechenden Zahnlücken des Gegenrades, wobei sich die Arbeitsflanken eines Radpaares im Eingriffspunkt berühren. Der Eingriffspunkt wandert während des Eingriffes auf dem aktiven Flankenteil, und zwar beim treibenden Rad vom Zahnfuß bis zum Zahnkopf, beim getriebenen Rad umgekehrt. Die Verzahnung eines gegebenen Rades bestimmt die Verzahnung des Gegenrades.

Wirken ein oder mehrere Zahnradpaare zusammen und haben sie ein Gehäuse, so spricht man von einem Zahnradgetriebe. Man unterscheidet geschlossene bzw. offene Getriebe, also solche, bei denen die Zahnräder vollständig oder teilweise von einem Gehäuse umschlossen sind.

Nach Roloff/Matek (2019: 257)

Aufgabe 35

a) Nennen Sie die Bestandteile eines Zahnrades.
b) Wie heißt der Punkt, an dem sich zwei Zahnräder berühren?
c) Sammeln Sie Beispiele für den Einsatz von Zahnrädern und Zahnradgetrieben.

Der Einsatz von Zahnrädern und Zahnradgetrieben ist sehr vielseitig. Ihre Funktionen können sein:

• Die schlupflose* Übertragung einer Leistung oder einer Drehbewegung bei konstanter Übersetzung
• Die Wandlung des Drehmoments oder der Drehzahl
• Die Drehrichtungsfestlegung zwischen Antriebs- und Abtriebswelle
• Die Bestimmung der Wellenlage (Antriebs-/Abtriebswelle) zueinander.

Aufgabe 36

Wiederholen Sie die Funktionen von Zahnradgetrieben in Sätzen mit einem Verb.

Modell:
Der Einsatz von Zahnradgetrieben ist sehr vielseitig. Zahnradgetriebe lassen sich sehr vielseitig einsetzen.

Worterklärung: -r Schlupf

Bleibt ein Maschinenteil bei der Übertragung von Bewegung gegenüber einem anderen, mit dem er in Reibkontakt steht, in Bezug auf seine Geschwindigkeit, Drehzahl u. a. zurück, spricht man von Schlupf.

Aufgabe 37 Sammeln Sie in Text „4.2.7 Zahnräder und Zahnradgetriebe"
sämtliche Wörter mit dem Bestandteil „Zahn" und zeichnen Sie
Skizzen, welche die Bedeutungen sichtbar machen. Vergleichen
Sie Ihre Skizzen mit denen Ihrer Lernpartner*innen.

Wörter mit dem Bestandteil „Zahn"	Skizzen

Die Unterteilung der Zahnradgetriebe erfolgt nach einer Kombination aus der Gestalt der Zahnräder (z.B. Zylinder, Kegel) und der Position der Wellen (parallel, sich schneidend, sich kreuzend).

Aufgabe 38 Welche Position haben die Wellen? Tragen Sie in die 1. Zeile ein.

Wellen kreuzen sich   parallel   schneiden sich

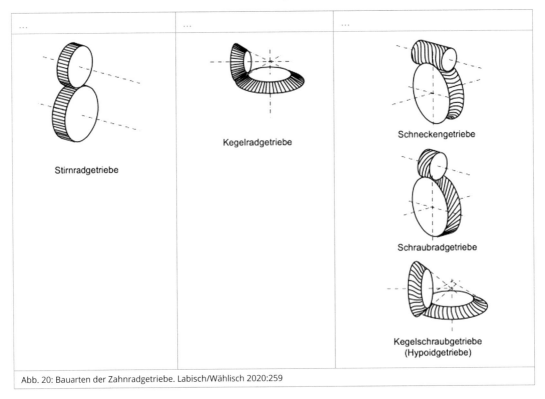

...	...	...
Stirnradgetriebe	Kegelradgetriebe	Schneckengetriebe
		Schraubradgetriebe
		Kegelschraubgetriebe (Hypoidgetriebe)

Abb. 20: Bauarten der Zahnradgetriebe. Labisch/Wählisch 2020:259

Kenngrößen einer Verzahnung

Neben der Form der Zahnräder und der Stellung der Wellen (s. Abb. 18) ist auch die Form der Zahnflanken für die Verzahnung relevant. Zwar sind verschiedenste Zahnformen möglich, doch in der industriellen Praxis ist die sog. Evolventenverzahnung am weitesten verbreitet, die im Folgenden erklärt wird.

Die entscheidende Mess- und Systematisierungsgröße für Verzahnungen ist der *Modul* m. Der *Modul* m ist definiert als das Verhältnis von Teilkreisdurchmesser d und Zähnezahl z. Natürlich müssen in einer Zahnradpaarung die Verzahnungen der beiden Räder von der gleichen Art sein; u. a. heißt dies, dass beide den gleichen Modul besitzen müssen.

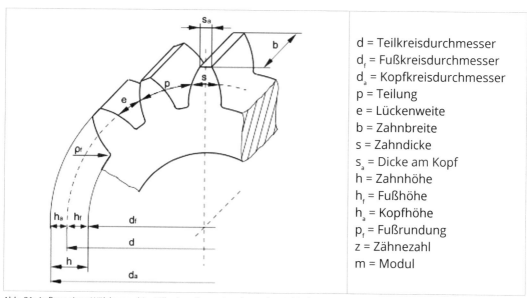

d = Teilkreisdurchmesser
d_f = Fußkreisdurchmesser
d_a = Kopfkreisdurchmesser
p = Teilung
e = Lückenweite
b = Zahnbreite
s = Zahndicke
s_a = Dicke am Kopf
h = Zahnhöhe
h_f = Fußhöhe
h_a = Kopfhöhe
p_f = Fußrundung
z = Zähnezahl
m = Modul

Abb. 21: Aufbau eines Wälzlagers; hier Rillenkugellager ohne Innenring. Labisch/Wählisch 2020:230

Aufgabe 39   a) Schreiben Sie eine Formel für die Definition des Moduls m.
b) Schreiben Sie eine verbale Erklärung für 5 Kenngrößen Ihrer Wahl.

Modell:
Die Zahndicke s gibt an, wie dick ein Zahn ist.

Aufgabe 40   Berechnen Sie die gesuchten Größen. Erklären und begründen Sie danach in Worten exakt alle einzelnen Schritte Ihrer Lösung der Aufgabe.
Gegeben: Modul m = 3 mm
Gesucht: Zahnkopfhöhe h_a und Zahnfußhöhe h_f

Fokus Sprache 21: Verbalisierung von Formeln

Jeder Mensch „denkt" Mathematik zunächst in seiner Muttersprache. Wenn man in einer fremden Sprache mit mathematischen Formeln zu tun hat, ist es oft so, dass man sie zwar als Zahlen, Zeichen und Symbole versteht, aber nicht sicher ist, wie man sie in der Fremdsprache in Worten ausdrückt, d. h. verbalisiert. Für die Kommunikation ist aber eine Verbalisierung von mathematischen Formeln total nützlich. Gewöhnen Sie sich zum Üben deswegen an, beim Lesen, Schreiben und Rechnen die Formeln immer laut auszusprechen. Beim Rechnen benützt man vielfach nur das Hilfsverb „sein", doch wenn man ein Ergebnis darstellt, einen Beweis führt, eine Theorie mathematisch begründet usw., dann sollte man dabei die korrekten Verben zu den Zahlenangaben verwenden. Geeignete Verben finden Sie in Fokus Sprache 16.

Fokus Sprache 22: Syntaktische Formen für die Relation „wenn – dann"

Wenn eine bestimmte Voraussetzung erfüllt ist, dann kommt es zu einer bestimmten Wirkung oder Schlussfolgerung. Die logische Relation von Ursache (Grund) und Wirkung (Folge) entspricht semantisch der Frage „warum?" und der Antwort „weil …". Fasst man sie als Satzgefüge zusammen, so kann sie durch verschiedene syntaktische Varianten ausgedrückt werden. Besonders häufig sind Wenn-dann-Sätze. Solche Wenn-dann-Sätze können durch Inversion verkürzt werden, und verkürzte Wenn-dann-Sätze mit Inversion sind in Mathematik und Technik extrem häufig. Alle Varianten bedeuten immer dasselbe.

Beispiele

syntaktische Varianten	Beispielsätze
wenn – dann	Wenn in einer Zahnradpaarung die Verzahnungen der beiden Räder den gleichen Modul besitzen, dann sind die Räder von der gleichen Art.
Inversion, betont – dann	Besitzen in einer Zahnradpaarung die Verzahnungen der beiden Räder den gleichen Modul, dann sind die Räder von der gleichen Art.

Inversion, betont – so	Besitzen in einer Zahnradpaarung die Verzahnungen der beiden Räder den gleichen Modul, so sind die Räder von der gleichen Art.
Inversion, betont – Inversion, betont	Besitzen in einer Zahnradpaarung die Verzahnungen der beiden Räder den gleichen Modul, sind die Räder von der gleichen Art.

Aufgabe 41 **Suchen und unterstreichen Sie in den Texten über Maschinenelemente Beispiele für Satzkonstruktionen für die Relation wenn – dann. Welche syntaktischen Varianten haben Sie gefunden?**

Aufgabe 42 **Schreiben Sie andere syntaktische Varianten für den Beispielsatz nach dem Modell.**

syntaktische Varianten	Beispielsätze
wenn – dann	
Inversion, betont – dann	
Inversion, betont – so	Modell: Wirken ein oder mehrere Zahnradpaare zusammen und haben sie ein Gehäuse, so spricht man von einem Zahnradgetriebe.
Inversion, betont – Inversion, betont	

Literatur

- Czichos, Horst (2019): Mechatronik. Grundlagen un d Anwendungen technischer Systeme. 4., überarbeitete und erweiterte Auflage. Springer Vieweg. Wiesbaden
- Labisch, Susanna; Wählisch, Georg (2020): Technisches Zeichnen. Eigenständig lernen und effektiv üben.
  6., aktualisierte Auflage. Springer Vieweg. Wiesbaden
- Roloff/Matek (2019): Maschinenelemente. Normung, Berechnung, Gestaltung. 24. Auflage. Springer Vieweg. Wiesbaden

Links

- Normen und Standards ganz einfach erklärt. 12.9.2017 – testxchange.webarchive (Zuletzt aufgerufen am 12.4.2021)

Kapitel 5
Antriebstechnik

Zusatzmaterial online

Zusätzliche Informationen sind in der Online-Version dieses Kapitel (https://doi.org/10.1007/978-3-658-35983-6_5) enthalten.

5.1 Worum geht es beim Antrieb?

Unter Antriebstechnik versteht man eine Disziplin der Technik, die sich mit den verschiedenen technischen Systemen zur Erzeugung von Bewegung durch Kraftübertragung beschäftigt. Der Begriff Antrieb bezeichnet in der Technik die konstruktive Einheit, die mittels Energieumformung eine Maschine bewegt.

Aufgabe 1 Kennen Sie englische Wörter für den Begriff „Antriebstechnik"?

Als Antriebstechnik für moderne Verkehrsmittel nehmen Verbrennungsmotoren, Elektromotoren und Gasturbinen eine besondere Rolle ein. In diesem Kapitel werden wir uns mit ihren Funktionsweisen und den Vor- und Nachteilen der jeweiligen Technik beschäftigen.

Aufgabe 2 Welche Antriebstechnik kann für welche Verkehrsmittel verwendet werden? Sammeln Sie möglichst viele Verkehrsmittel und nennen Sie Techniken für den Antrieb.

Straßenverkehr	PKW	1. Verbrennungsmotor (Dieselmotor, Benzinmotor)
	Motorrad	
	...	
	...	

	Verkehrsmittel	**Antriebstechnik**
Luftverkehr	Flugzeug	
	...	
	....	

Seeverkehr	Passagierschiff	
	....	
	...	

5.2 Verbrennungsmotoren: Otto- und Dieselmotor

Aufgabe 3   Finden Sie die Unterschiede zwischen einem Ottomotor und einem Dieselmotor heraus.

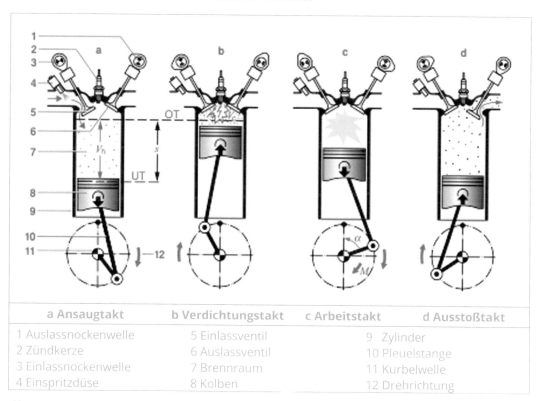

a Ansaugtakt	b Verdichtungstakt	c Arbeitstakt	d Ausstoßtakt
1 Auslassnockenwelle	5 Einlassventil	9 Zylinder	
2 Zündkerze	6 Auslassventil	10 Pleuelstange	
3 Einlassnockenwelle	7 Brennraum	11 Kurbelwelle	
4 Einspritzdüse	8 Kolben	12 Drehrichtung	

Abb. 1: Ein Arbeitsspiel des Viertakt-Ottomotors, Reif 2017:118 © Springer Fachmedien GmbH Wiesbaden

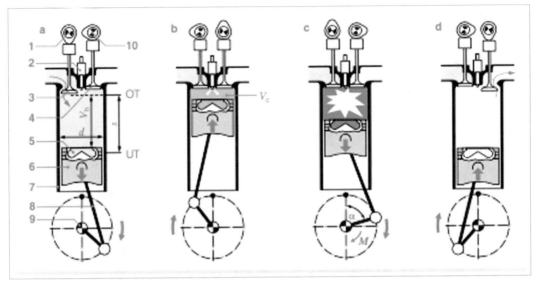

Abb. 2: Ein Arbeitsspiel beim Viertakt-Dieselmotor. Reif 2017:27 © Springer Fachmedien GmbH Wiesbaden

Aufgabe 4   Beschriften Sie die Zeichnung. Welcher Unterschied zum Otto-Motor fällt Ihnen auf?

1
2 Einspritzdüse
3
5
6
7
8
9

5.2.1 Zum Unterschied von Ottomotor und Dieselmotor

Aufgabe 5   Füllen Sie die Tabelle mit Hilfe der zwei Kurztexte aus.

	Ottomotor	Dieselmotor
Kraftstoff		
Zündung		
Energieumwandlung		

Kurztext 1

Der Ottomotor ist eine Verbrennungskraftmaschine mit Fremdzündung, die ein Luft-Kraftstoff-Gemisch zur Explosion bringt und
damit die im Kraftstoff gebundene chemische Energie freisetzt und
in mechanische Arbeit umwandelt.
Reif, 2017:118

Kurztext 2

Der Dieselmotor ist ein Selbstzündungsmotor. Die für die Verbrennung benötigte Luft wird im Brennraum hoch verdichtet. Dabei
entstehen hohe Temperaturen, bei denen sich der eingespritzte
Dieselkraftstoff selbst entzündet. Die im Dieselkraftstoff enthaltene
chemische Energie wird vom Dieselmotor über Wärme in mechanische Arbeit umgesetzt.
Reif, 2017:26

Aufgabe 6 Suchen Sie bei Youtube das Video: „Lehrerschmidt – Viertaktmotor – Ottomotor – Dieselmotor". Verstehen Sie die Abbildungen Nr.1 und 2 jetzt besser? Warum?

5.2.2 Arbeitsspiel eines Otto-Viertaktmotors

Aufgabe 7 Lesen Sie den Text abschnittsweise und ergänzen Sie jeweils
dazu die einzelnen Fakten.

Beim Viertaktmotor erstreckt sich ein Zyklus, das sogenannte **Arbeitsspiel**, über vier Kolbenhübe bzw. zwei Umdrehungen der Kurbelwelle. Jeweils ein **Kolbenhub** wird als **Takt** bezeichnet.

Modell:

Erster Takt: Ansaugtakt

Einlassventil:	*offen*
Auslassventil:	*geschlossen*
Kolbenbewegung:	*abwärts*
Verbrennung:	*keine*

Zu Beginn des Arbeitsspiels befindet sich der Kolben ganz oben im
Zylinder. Diese Position des Kolbens nennt man den **oberen Totpunkt** (OT) des Kolbens. Im Zylinderkopf befinden sich die **Ventile**,
die je nach Kolbenstellung geöffnet oder geschlossen sind. Zu Beginn

des Arbeitsspiels ist das **Einlassventil** geöffnet, und der Kolben bewegt sich nach unten. Dadurch entsteht im Verbrennungsraum ein Unterdruck, und das Kraftstoff-Luft-Gemisch wird angesaugt. Der Kolben bewegt sich dabei so weit nach unten, bis der **untere Totpunkt** (UT) erreicht ist und der Zylinder vollständig mit Gemisch gefüllt.
Wegner, Feldmann, Sommer 1997:24

Zweiter Takt: Verdichtungstakt

Einlassventil: _____

Auslassventil: _____

Kolbenbewegung: _____

Verbrennung: *Zündung*

Beim **Verdichtungstakt** wird das Einlassventil geschlossen, und durch den Schwung der Kurbelwelle bewegt sich der Kolben wieder nach oben. Der Verbrennungsraum, der sich oberhalb des Kolbens befindet, wird dadurch kontinuierlich kleiner, das Kraftstoff-Luft-Gemisch wird verdichtet. Der Kolben bewegt sich so lange aufwärts, bis er wieder den oberen Totpunkt erreicht. Am Ende des Verdichtungstaktes wird kurz vor dem oberen Totpunkt das verdichtete Gemisch mit Hilfe der Zündkerze gezündet.
Wegner, Feldmann, Sommer 1997:25

Dritter Takt: Arbeitstakt

Einlassventil: _____

Auslassventil: _____

Kolbenbewegung: _____

Verbrennung: _____

Der Kraftstoff verbrennt nach dem Zünden komplett (Durchbrennphase). Die Verbrennungsgase dehnen sich aufgrund der entstehenden Verbrennungswärme von 2000 °C bis 2500 °C stark aus. Dadurch wird der Kolben bis zum unteren Totpunkt abwärts getrieben. Diese Bewegung wird über die Pleuelstange auf die Kurbelwelle übertragen. Der dritte Takt ist der einzige der vier Takte, in dem tatsächlich **Arbeit** geleistet wird. Da der Druck und die Geschwindigkeit, mit denen der Kolben angetrieben wird, sehr hoch sind, kann die Kurbelwelle mit ihrer eigenen Masse ausreichend mechanische Energie

speichern, um die folgenden drei Takte bis zum nächsten **Arbeitstakt** zu überbrücken.
Wegner, Feldmann, Sommer 1997:25

Vierter Takt: Auslasstakt

Einlassventil: _____

Auslassventil: _____

Kolbenbewegung: _____

Verbrennung: _____

Beim **Auslasstakt** wird nach Beendigung des Verbrennungsvorgangs das Auslassventil geöffnet, und die heißen Verbrennungsgase können entweichen. Da sich der Kolben durch den Schwung der Kurbelwelle wieder aufwärts bewegt, unterstützt er das Ausstoßen der Gase, indem er sie vor sich herschiebt. Hat der Kolben den oberen Totpunkt erreicht, ist der Zylinder wieder frei von Verbrennungsgasen, und ein neues Arbeitsspiel beginnt.
Wegner, Feldmann, Sommer 1997:25

Aufgabe 8   Suchen Sie im Text „Das Arbeitsspiel des Viertaktmotors" Komposita
a) mit dem Wort *Verbrennung*
b) mit dem Wort *Ventil*

Aufgabe 9   Unterstreichen Sie in allen Abschnitten des Textes über den Viertaktmotor die Verbformen im Passiv und die Verbformen im Aktiv in unterschiedlichen Farben.

Aufgabe 10   Wandeln Sie die Aktiv-Sätze in Passiv-Sätze um und umgekehrt.

Nr.	Sätze im Passiv	Sätze im Aktiv
1	Das Kraftstoff-Luft-Gemisch wird verdichtet.	Man …
2		Der Kraftstoff verbrennt.
3	Das verdichtete Gemisch wird mit Hilfe der Zündkerze gezündet.	Man …
4		Der Kolben bewegt sich aufgrund des Schwunges der sich drehenden Kurbelwelle.

Nr.	Sätze im Passiv	Sätze im Aktiv
5		Die Kurbelwelle führt in den ersten beiden Takten eine ganze Umdrehung aus.
6	Das Einlassventil wird geschlossen.	Man ...
7	Der Kolben wird durch den Druck und die Wärme nach unten getrieben.	
8		Der Kolben erreicht den oberen Totpunkt.
9		Der Kolben unterstützt das Ausstoßen der Gase.

Fokus Sprache 23: Grammatikwiederholung – Reflexiv und Passiv

Erinnern Sie sich noch einmal an die zwei Formen des Passivs und den Gebrauch der reflexiven Verben:

Grammatische Terminologie	Beispielsätze
Reflexiv: Verben mit sich	Das Ventil öffnet sich.
Vorgangspassiv: Passiv mit werden	Das Ventil wird geöffnet.
Zustandspassiv: Passiv mit sein	Das Ventil ist geöffnet.

Aufgabe 11   **Welche Grammatikform passt? Bilden Sie Sätze im Vorgangs- oder Zustandspassiv oder Reflexivsätze. Manchmal gibt es zwei Möglichkeiten.**

Modell:
Ventile – im Zylinderkopf (befinden) Die Ventile befinden sich im Zylinderkopf.

1. Kolben – nach unten *(bewegen)*
2. Am Anfang – Ansaugtakt – Einlassventil *(öffnen)*
3. Kraftstoff-Luft-Gemisch *(ansaugen)*
4. Luft *(verdichten)* und *(erhitzen)*
5. Am UT – Zylinder – vollständig – mit Gemisch *(füllen)*

6. Beim Verdichtungstakt – Einlassventil *(schließen)*
7. verdichtetes Gemisch – mit Hilfe – Zündkerze *(zünden)*
8. In 2 Takten – ganze Umdrehung *(ausführen)*
9. Verbrennungsgase *(ausdehnen)*
10. Bewegung – über Pleuelstange – auf Kurbelwelle *(übertragen)*

Nach Zettl 1979:85

5.2.3 Arbeitsspiel eines Diesel-Viertaktmotors

Aufgabe 12   a) Ordnen Sie zu: Welcher Buchstabe (a – d) entspricht welchem Takt?

___ Arbeitstakt, ___ Ansaugtakt , ___ Ausstoßtakt, ___ Verdichtungstakt

b) Schreiben Sie den richtigen Takt als Titel über jedes Einzelbild.

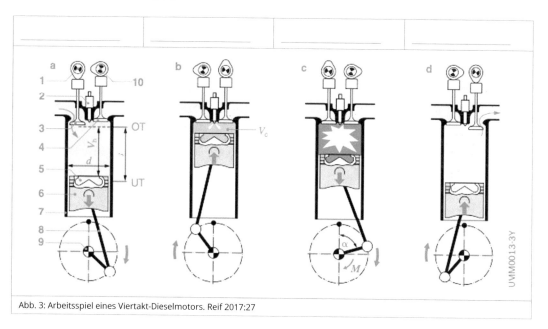

Abb. 3: Arbeitsspiel eines Viertakt-Dieselmotors. Reif 2017:27

Aufgabe 13   Ordnen Sie die Stichworte in der richtigen Reihenfolge und
machen Sie passende Notizen zu den 4 Takten. Erklären Sie
dann die Arbeitsweise eines Viertakt-Dieselmotors mit Hilfe von
Stichworten und der Abbildung Nr. 3.

Ord-nungs-Nr.	Stichworte	Ord-nungs-Nr.	Stichworte
1.	Öffnen des Einlassventils	...	erste Abwärtsbewegung des Kolbens
...	Sinken des Drucks im Zylinder	...	starker Anstieg von Druck und Temperatur
...	Schließen des Einlassventils	...	Einströmen der Luft
...	Erstes Erreichen des oberen Totpunkts	...	Einspritzen des Kraftstoffs
...	erste Aufwärtsbewegung des Kolbens	...	Ausstoßen der Verbrennungsgase
...	Schließen des Auslassventils	...	Öffnen des Auslassventils
...	Zweite Aufwärtsbewegung des Kolbens	...	Verdichtung der Luft
...	Abwärtsdrücken des Kolbens	...	Übertragung der Kraft auf die Kurbelwelle
...	Erstes Erreichen des unteren Totpunkts	...	Temperaturanstieg durch Verdichtung
...	Zweites Erreichen des oberen Totpunkts	...	Zündung und Verbrennung des Kraftstoffs

Nach Zettl 1979:86

Ansaugtakt	Verdichtungtakt	Arbeitstakt	Ausstoßtakt
_____	_____	_____	_____
_____	_____	_____	_____
_____	_____	_____	_____
_____	_____	_____	_____
_____	_____	_____	_____
_____	_____	_____	_____
_____	_____	_____	_____

Fokus Sprache 24: Sprachliche Ökonomie – Verkürzungen

In der Technik macht man nicht gern sehr viele Worte. Deshalb werden ausgesprochen viele sprachliche Verkürzungen benutzt – linguistisch nennt man das dann „Sprachökonomie" der Fachsprachen.

Eine häufige Form für *Aussagen*, dass *Ziele* erreicht werden sollen, ist folgende: *Wenn* man ein Ziel erreichen will, *dann* verwendet man gern diese Konstruktion: Aus einem Infinitivsatz mit „um – zu" wird ein nominalisiertes Verb mit der Präposition „zu" + Artikel:

Grammatische Terminologie	Beispielsätze
Nebensatz mit *wenn*	*Wenn* man ein Ziel erreichen will, *dann* ...
Infinitivsatz mit *um – zu*	*Um* ein Ziel *zu erreichen*, ...
Nominalkonstruktion mit Präposition *zu + Artikel*	*Zur* Erreichung eines Zieles ...

Aufgabe 14   Formulieren Sie die Angaben aus der Liste zu sinngleichen Ausdrücken um.

Modell:
Wenn man den Druck erhöhen will, dann muss man ...
Um den Druck zu erhöhen, muss man ...
Zur Erhöhung des Drucks muss man ...

- Höhere Temperatur (*erreichen*)
- Arbeitszeit (*verkürzen*)
- Anzahl (*vermindern*)
- Volumen (*vergrößern*)
- Fläche (*verkleinern*)
- Kosten (*senken*)
- Gefahren (*minimieren*)
- Risiken (*vermeiden*)
- Leistung (*optimieren*)
- Krafteinsatz (*verringern*)

Fokus Sprache 25: Praktische Verben

In den Texten über Otto- und Dieselmotoren befinden sich viele Verben, die im Maschinenbau hoch redundant sind, d. h. sehr häufig gebraucht werden. Es lohnt sich, die Texte noch einmal durchzulesen und dabei die darin enthaltenen Verben zu lernen.

Gruppe 1: Veränderungen von Zuständen und Positionen

Aufgabe 15 **a) Welche Verben haben diese Bedeutung? Tragen Sie ein.**

Bedeutung	Verben im Text
etwas (Gas, Dampf o.ä.) gelangt aus einem Behälter, Rohr usw. nach außen	
etwas bekommt einen größeren Umfang, Volumen; reicht über etwas hinaus	
etwas wird dichter oder stärker	
etwas bewirkt, dass sich etwas bewegt	

b) Sammeln Sie weitere Verben, mit denen man die Veränderungen von Zuständen und Positionen beschreiben kann.

Gruppe 2: Bewegungen

Aufgabe 16 **Welches Verb passt? Füllen Sie die Lücken aus.**

ansaugen auslassen ausstoßen drehen einlassen erreichen öffnen schieben (3x) schließen treiben übertragen

Erst wenn der Kolben den oberen oder unteren Totpunkt (1)_____ hat, ändert er seine Richtung. Die Pleuelstange (2)_____ die Kolbenbewegung auf die Kurbelwelle. Eine „Umdrehung ausführen" bedeutet natürlich: sich einmal (3)_____. Im 2. Takt (4)_____ man das Einlassventil, im 4. Takt (5)_____ man es. Dieses Ventil heißt so, weil es Gas (6)_____ kann. Es kann jedoch auch Gas (7) _____. Wenn der Kolben die Gase nach oben (8)_____, werden sie leichter (9)_____. Bei Unterdruck im Verbrennungsraum wird das Kraftstoff-Luft-Gemisch (10)_____. Sich ausdehnende Gase (11)_____ den Kolben nach unten.

Tipp:

Ein Fahrrad kann man fahren oder (12)_____, einen Kinderwagen sollte man besser nur (13)_____.

5.3 Elektromotor

5.3.1 Was ist ein Elektromotor?

Wie setzt und hält man Dinge in Bewegung ganz ohne Muskelkraft? Während *mechanische Energie* bei einer Dampfmaschine mit Hilfe von heißem Wasserdampf oder vielmehr Dampfdruck entsteht, nutzt ein Elektromotor *elektrische Energie* als Quelle. Man bezeichnet ihn deswegen auch als *elektromechanischen Wandler*.

Das *Gegenstück* zum Elektromotor ist der ähnlich aufgebaute *Generator*. Er transformiert mechanische Bewegungsleistung in elektrische Leistung. Physikalische Grundlage für beide ist die elektromagnetische Induktion. Im Generator wird Strom induziert und es entsteht elektrische Energie, wenn sich ein Leiter in einem beweglichen Magnetfeld befindet. Im Elektromotor hingegen induziert ein stromdurchflossener Leiter Magnetfelder. Deren wechselseitige Anziehungs- und Abstoßungskräfte sind die Basis für die Erzeugung von Bewegung.

www.sew-eurodrive.de/startseite.html

Aufgabe 17   Skizzieren Sie eine schematische Darstellung zur Transformation von Energie in einem Elektromotor und einem Generator. Vergleichen und diskutieren Sie Ihr Schema mit anderen Vorschlägen in Ihrer Lerngruppe.

5.3.2 Wie funktioniert ein Elektromotor?

Aufgabe 18 Übertragen Sie in Stichworten die Informationen aus Text 1a in die Tabelle.

Hauptbestandteile	Merkmale	Position

Text 1a

Abb. 4: Motorgehäuse mit Stator © sew.eurodrive

Grundsätzlich besteht das Innere eines Elektromotors aus dem Stator und dem Rotor. Die Bezeichnung „Stator" ist vom lateinischen Verb „stare" = „stillstehen" abgeleitet, die Bezeichnung „Rotor" vom lateinischen Substantiv „rota" = „das Rad". Beim Stator handelt sich um das unbewegliche Bauteil eines Elektromotors. Er ist fest mit dem ebenfalls unbeweglichen Gehäuse verbunden. Im Gegensatz dazu sitzt der Rotor auf der Motorwelle und ist beweglich (drehbar).

Text 1b

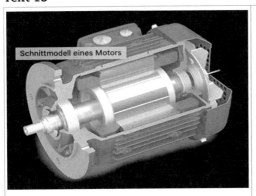

Schnittmodell eines Motors

Abb. 5: Schnittmodell eines Motors © sew.eurodrive

Bei einem Drehstrommotor enthält der Stator das sogenannte Blechpaket, das mit Kupferdrähten umwickelt ist. Diese Wicklung fungiert als Spule und erzeugt, wenn Strom durchfließt, ein sich drehendes Magnetfeld. Durch dieses vom Stator vorgegebene Magnetfeld wird im Rotor ein Strom induziert, der wiederum ein elektromagnetisches Feld um den Rotor erzeugt. Das bewirkt, dass sich der Rotor samt Motorwelle dreht und dem Drehfeld des Stators folgt. Aufgabe des Elektromotors ist es, durch die entstehende Drehbewegung ein Getriebe (Drehmoment- und Drehzahlwandler) oder als Netzmotor direkt eine Applikation anzutreiben.

Nach: www.sew-eurodrive.de/startseite.html

Aufgabe 19   Lückentext: Ergänzen Sie mit Begriffen aus dem Text 1b.

Der Stator eines Drehstrommotors enthält ein sog. Blechpaket,
das mit Draht aus (1)_____ umwickelt ist. Diese (2)
_____ fungiert als (3) _____. Bei Strom-
durchfluss erzeugt sie ein (4) _____, welches sich (5)
_____. Im Rotor wird ein Strom (6) _____,
der durch das vom Stator (7) _____ Magnetfeld fließt und ein weiteres (8) _____ Feld um den (9)
_____ erzeugt. Dadurch dreht sich der Rotor mit der (10)
_____. Durch die entstehende (11) _____
kann ein (12) _____ oder ein Netzmotor (13)
_____ werden.

Fokus Sprache 26: Grammatikwiederholung – Partizip I und Partizip II

Sie erinnern sich an die Regel, wofür man das Partizip I bzw. das
Partizip II einsetzt?

Aufgabe 20   a) Dann ergänzen Sie die fehlenden Wörter.

Das Partizip I steht für einen gerade ablaufen-
den (1)_____ und das Partizip II für das
(2)_____ des abgeschlossenen Prozesses.

Vervollständigen Sie die Tabelle

Infinitiv	Partizip I	Partizip II	Verwandtes Nomen
entstehen			Entstehungsgeschichte
		abgelaufen	
	(sich) drehend		
antreiben			
erzeugen			
verbinden			
			Flussdiagramm
(sich) anziehen			
(sich) abstoßen			

Text 2
Die Funktionsweise von Elektromotoren

Die Frage, wie ein Elektromotor funktioniert, lässt sich gut am Beispiel eines Gleichstrommotors zeigen.

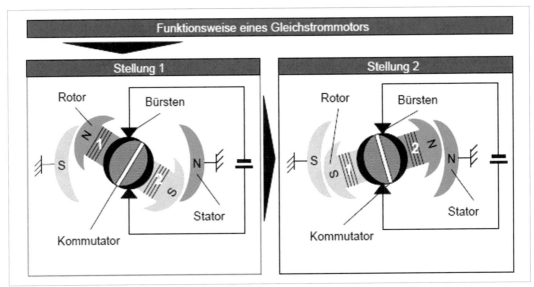

Abb. 6: Funktionsweise eines Gleichstrommotors. Blue-Engineering TUB. © Springer. Hüttl et al. 2010

Aufgabe 21 **Unterstreichen Sie den Satz, der das Prinzip der Funktionsweise von Elektromotoren zusammenfasst.**

- Ein Rotor, auch als Anker bezeichnet, ist von einer Spule umwickelt, um die sich bei Anschluss einer Gleichstromquelle ein magnetisches Feld ausbildet.
- Der bewegliche Rotor ist von einem Permanentmagneten (Stator) umgeben, der dauerhaft ein magnetisches Feld erzeugt.
- Die Drehung des Rotors in dem magnetischen Feld lässt sich durch das physikalische Gesetz erklären, dass sich gegennamige magnetische Pole (S /N) anziehen, während sich gleichnamige Pole (S/S) (N/N) abstoßen.
- Wie in Abbildung 8 dargestellt, wird der Gleichstrom über Bürsten in die Spule geleitet. Je nach Stellung bzw. Position des Rotors sind die beiden Seiten des Rotors unterschiedlich gepolt.
- Aufgrund der Anziehung gegensätzlicher Pole dreht sich der Rotor in Stellung 1 gegen den Uhrzeigersinn, so dass die Bürsten kurzzeitig über einen Bereich laufen, über den kein Strom in die Spule geleitet werden kann.
- Über den Kommutator erfolgt eine Ladungsumkehr, so dass die beiden Seiten des Rotors nun über den jeweils anderen Pol der

Batterie mit Strom versorgt werden, wodurch sich das von der Spule erzeugte Magnetfeld umkehrt und sich der Rotor erneut im Magnetfeld des Permanentmagneten ausrichtet.

• Die Drehung wird also dadurch erzeugt, dass sich ein wechselndes Magnetfeld in einem konstanten Magnetfeld ausrichtet. Auf dieser Wechselwirkung beruhen die Funktionsweisen aller Elektromotoren.

Blue-Engineering TUB

Aufgabe 22 **Was ist richtig, was ist falsch? Kreuzen Sie an.**

	f	r
a) Ein konstantes Magnetfeld umgibt ein wechselndes Magnetfeld.	☐	☐
b) Ein wechselndes Magnetfeld richtet sich um ein konstantes Magnetfeld aus.	☐	☐
c) Permanent bedeutet dauerhaft.	☐	☐
d) Der Stator ist der bewegliche, der Rotor der unbewegliche Teil.	☐	☐
e) Entgegengesetzte magnetische Pole stoßen sich ab, gleichnamige ziehen sich an.	☐	☐
f) Gegennamige magnetische Pole stoßen sich an, gleichnamige ziehen sich ab.	☐	☐
g) In Abhängigkeit von der Rotorposition sind die beiden Seiten des Rotors unterschiedlich gepolt.	☐	☐
h) Die Spule erzeugt ein Magnetfeld, das sich bei Ladungsumkehr umkehrt.	☐	☐
i) Der Rotor behält seine Drehrichtung bei.	☐	☐

Aufgabe 23 **Lösen Sie das Silbenrätsel, dann haben Sie eine kleine ...**
Vokabelliste „Magnetismus"

ab	an	den	den	ent	feld	ge	ge
ge	ge	gen	gen	gleich	hen	mag	mag
Mag	mig	mig	na	na	ne	ne	net
Nor	Nord	pol	pol	polt	ren	setzt	sich
sich	sie	sto	ßen	Sü	Süd	ti	tisch
zie							

5.3.3 Drehstrom-Asynchronmaschine

Aufgabe 24 **a) Teilen Sie den folgenden Text mit Hilfe des Diagramms in 9 Abschnitte ein.**

b) An welcher Stelle müsste die Abbildung Nr. 7 eingefügt werden?

(Bilder und Text auf der Folgeseite im blauen Kasten)

Drehstrom-Asynchronmaschine

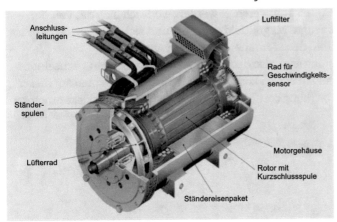

Abb. 7: Aufbau einer Asynchronmaschine. Blue Engineering. TUB

Für den Antrieb von Fahrzeugen sind Gleichstrommotoren aufgrund ihrer Wärmeentwicklung nicht geeignet, deshalb kommen in den meisten Fällen Drehstrommotoren zum Einsatz. Wie funktioniert eine Drehstrom-Asynchronmaschine? Für den Betrieb der Asynchronmaschine wird Dreiphasenwechselstrom benötigt. Dieser auch als Drehstrom bezeichnete Strom setzt sich aus drei Phasen zusammen, die jeweils um 120° zueinander verschoben sind. Die Spannung der einzelnen Phasen verläuft wie beim Wechselstrom sinusförmig. Da die im Kraftfahrzeug mitgeführten Stromquellen ausschließlich Gleichstrom zur Verfügung stellen können, muss der Drehstrom erst über eine entsprechende Leistungselektronik erzeugt werden. Die Abbildung zeigt den prinzipiellen Aufbau einer Asynchronmaschine. Im Ständer einer Asynchronmaschine werden um 120° versetzte Wicklungen eingelassen, die über jeweils eine Phase des Drehstroms versorgt werden. Im Umfang des Läufers befinden sich kurzgeschlossene Wicklungen. Das über die Ständerwicklungen erzeugte, umlaufende Magnetfeld induziert in den Läuferwicklungen eine Spannung, woraus sich innerhalb der Läuferwicklungen ein Stromfluss ergibt. Die nun stromdurchflossenen Leiter im Läufer erfahren durch das magnetische Drehfeld eine Kraft, die den Läufer in Richtung des Drehfeldes in Bewegung versetzt. Zur Änderung der Drehrichtung des Motors muss die Umlaufrichtung des Ständermagnetfeldes angepasst werden. Aufgrund der fehlenden Kommutierung sind im Vergleich zum Gleichstrommotor deutlich höhere Drehzahlen realisierbar, so können Asynchronmotoren mit Drehzahlen bis zu 14.000 U/min betrieben werden. Der Name des Asynchronmotors ist darauf zurückzuführen, dass die erreichte Umfangsgeschwindigkeit des Läufers niemals die vom Drehstrom erzeugte Umfangsgeschwindigkeit des Magnetfelds erreichen kann, sondern aufgrund von Schlupf immer kleiner ist. Für diesen Motor ist auch die Bezeichnung Induktionsmotor üblich, da die in den Läuferwicklungen induzierte Spannung maßgeblich zur Funktion des Motors beiträgt. Da Asynchronmotoren in allen Bereichen der Industrie weit verbreitet sind, sind deren Anschaffungskosten auf Grund der hohen Produktionsmenge entsprechend gering und ihre Technik ist auch für den mobilen Bereich ausgereift. Nachteilig ist der schlechtere Wirkungsgrad im Vergleich zum Gleichstrommotor und die geringere Leistungsdichte im niedrigeren Lastbereich. Diese Motoren sind daher nur bedingt als Direktantriebe geeignet. Zusätzlich benötigen leistungsstarke Asynchronmaschinen Magnete in ihrer Erregerwicklung mit einem gewissen Anteil an seltenen Erden, um Gewicht zu sparen und die Leistung zu optimieren.

Blue Engineering. Aufbau Asynchronmaschine; vgl. Hüttl 2010

5.4 Exkurs: Brennstoffzelle – grüne Mobilität der Zukunft?

5.4.1 Brennstoffzelle als Quelle elektrischer Energie

Die meisten heutigen Elektroautos beziehen ihre Energie aus Akkumulatoren (Kurzform: Akku), meistens handelt es sich um Lithium-Ionen-Akkus. Nachteile dieser Technologie sind:
- lange Ladezeiten
- hohes Gewicht
- relativ geringe Reichweite
- umweltschädigend.

Insbesondere für lange Strecken oder für schwere Fahrzeuge wie LKW und Busse wird an einer Alternative gearbeitet. Eine vielversprechende Variante sind E-Autos, die ihre elektrische Energie aus einer Brennstoffzelle bekommen.

Brennstoffzellen wurden erstmals in den 1960er Jahren in der Raumfahrt eingesetzt.

Aufgabe 25

a) Notieren Sie die Reaktion bei der Energie-Direkt-Umwandlung (EDU) in chemischer Formelschreibweise.

b) Warum bezeichnet man diese Technologie als Umkehrung der Elektrolyse?

Brennstoffzellen sind elektrochemische Stromerzeuger, welche die im Brennstoff gespeicherte chemische Energie direkt in elektrische Energie umwandeln. Das Verfahren nennt man *Energie-Direkt-Umwandlung* (abgekürzt: EDU). Diese Technologie ist die Umkehrung der Elektrolyse, bei der mithilfe elektrischer Energie Wasser in seine beiden Bestandteile Wasserstoff und Sauerstoff zerlegt wird.

Bei der EDU entsteht in einer chemischen Reaktion aus den Gasen Wasserstoff und Sauerstoff als Reaktionsprodukt Wasser. Dabei wird elektrische Energie abgegeben. Die Vorteile dieser Technologie sind:
- hoher Wirkungsgrad
- Schadstoffarmut
- großes Leistungsspektrum von wenigen Watt bis einige Megawatt.

Aufgabe 26   **Überlegen und diskutieren Sie:**

Das Leistungsspektrum von Brennstoffzellen reicht von wenigen Watt in kleinen Zellen bis zu einigen Megawatt in großen Zellen. Welche praktischen Anwendungen sind damit im Alltag möglich?

5.4.2 Funktionsprinzip von Brennstoffzellen

Aufgabe 27:   **Ergänzen Sie die Fachbegriffe im folgenden Text. Die grafische Darstellung hilft Ihnen dabei.**

direkt   Luft   Elektrolyse   Kathode   Membran
chemische Energie   Oxidation   Wasserstoff

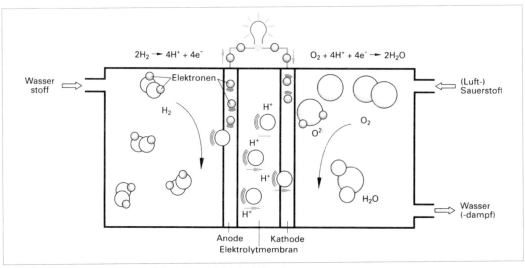

Abb. 8: Funktionsprinzip der Brennstoffzelle © Europa-Lehrmittel 2015:103

Bei den Brennstoffzellen wird die im Brennstoff enthaltene (1)_____ _____ nicht (wie bei Benzin, Kohle oder Erdgas) in einem Verbrennungsprozess über Wärme in elektrische Energie umgewandelt, sondern dies geschieht (2)_____ in einer Umwandlung von chemischer Energie in elektrische Energie. Man bezeichnet diesen Prozess als „kalte Verbrennung" oder in der Fachsprache der Chemie als elektrochemische (3) _____.
Dieser Prozess ist die Umkehrung der (4)_____ und liefert elektrische Energie in Form eines Gleichstroms bei niedriger

Spannung. Jede Brennstoffzelle enthält zwei Elektroden, die Anode, an der der Brennstoff zugeführt wird und die (5)_____, an der reiner Sauerstoff oder (6)_____ eingeleitet wird. Der räumliche Trennung der beiden Reaktionspartner wird durch ein Elektrolyt realisiert. (7)_____ dient als Brenngas, Sauerstoff als Oxidationsmittel und eine (8)_____ aus Kunststoff als Elektrolyt.

Nach Europa-Lehrmittel 2015:103

Aufgabe 28: a) Unterstreichen Sie alle Verben und von Verben abgeleiteten Wörter im obigen Text.

b) Vergleichen Sie mit der folgenden Verbsammlung. Welche Verben waren *nicht* im Text?

abgeben	aufladen	aufnehmen	bezeichnen
dienen	diffundieren	einleiten	enthalten
geschehen	liefern	realisieren	trennen umkehren
umwandeln	verbinden	verbrennen	zerlegen
zuführen			

c) Welche Verben sind trennbar? Welche Verben können reflexiv verwendet werden? Welche Verben werden mit einer bestimmten Präposition verwendet?

5.4.3 Wie entsteht der Strom in der Brennstoffzelle?

An der Anode (Brennstoffelektrode) entsteht atomarer Wasserstoff, der Elektronen abgibt und in Form von Ionen (H^+) in Lösung geht. Die Elektronen laden die Anode negativ auf. Die H^+-Ionen (Protonen, Kationen) diffundieren durch den Elektrolyten zur Kathode. Die Sauerstoffmoleküle werden an der Kathode durch Aufnahme von Elektronen in Sauerstoffionen (O^{2-}) zerlegt. Dabei lädt sich die Kathode positiv auf. Wasserstoff- und Sauerstoffionen verbinden sich zu Wassermolekülen. Im Ergebnis dieses Prozesses entsteht zwischen den beiden Elektroden eine Spannung von ungefähr 1,0 Volt. Verbindet man die beiden Elektroden über einen äußeren Stromkreis, in dem ein elektrischer Verbraucher (z.B. eine Glühlampe) liegt, so fließt Strom über diesen Verbraucher und leistet dabei elektrische Arbeit.

Nach Europa-Lehrmittel 2015:104

Aufgabe 29: **In schriftlichen Fachsprachen benützt man häufig das Partizip Präsens (Part. I). Bilden Sie Ausdrücke nach dem Modell:**

An der Anode entsteht Wasserstoff → der an der Anode entstehende Wasserstoff

- Der Wasserstoff gibt Elektronen ab
- Die Elektronen gehen in Form von Ionen in Lösung
- Die Elektronen laden die Anode negativ auf
- H^+-Ionen diffundieren durch den Elektrolyten zur Kathode
- Die Sauerstoffmoleküle nehmen Elektronen auf
- Die Kathode lädt sich positiv auf
- Eine Spannung von ca. 1,0 Volt entsteht zwischen den beiden Elektroden
- Der Strom fließt über den Verbraucher

5.5 Autos und Fahrzeugantriebe im Vergleich

5.5.1 Autos im Vergleich

Aufgabe 30: **Ordnen Sie die Abkürzungen den Begriffen in Spalte 3 zu:**

kW		Sekunde
PS		Newtonmeter
l/100 km		Kilogramm
Nm		Kilometer pro Stunde
km/h		Umdrehungen pro Minute
g/km		Kilowatt
s (sek)		Pferdestärke
U /min		Gramm pro Kilometer
kWh		Kilowattstunde
Kg		Liter pro 100 Kilometer

Fokus Sprache 27: Kleine Stilkunde zum Vergleichen von mehreren technischen Lösungen

Als Techniker*in wird man immer wieder um Rat gefragt, welche Lösung eines technischen Problems nun „die Beste" sei, welche besonders empfehlenswert ist und weshalb. Da es meist mehrere mögliche Lösungen gibt, geht es darum, *unterschiedliche Lösungen* eines technischen Problems *miteinander zu vergleichen*. Weiterhin benützt man die Form des Vergleichs vielfach bei der Darstellung von Forschungsergebnissen, von Experimenten und Untersuchungen. Zum Vergleichen in mündlicher und schriftlicher Form ist die sprachliche Struktur der *Steigerung* (Grundstufe – Komparativ – Superlativ) von Adjektiven und Adverbien unbedingt notwendig; deshalb wird sie hier wiederholt.

Folgende Textstruktur ist angemessen:

Textaufbau für einen Vergleich
1. Bei einem korrekten Vergleich kommt es zuerst auf objektive Informationen und präzise Fakten an. Man sammelt möglichst viele genaue Daten und vergleicht sie miteinander.
2. Erst am Ende eines sachlichen Vergleichs steht die persönliche Meinung. Es ist in Ordnung, die eigene Vorliebe, die subjektive Einschätzung, die persönliche Wertung mitzuteilen, aber man muss sie als solche kennzeichnen, z.B. durch bestimmte Wendungen und Wörter.

Redemittel:
- Besonders überzeugend (beeindruckend, elegant, innovativ, bemerkenswert, sportlich, technisch interessant, o. ä.) finde ich ..., weil ...
- Persönlich gefällt mir ... weitaus am besten, denn ...
- Mein Eindruck ist, dass ...
- Nach meiner Erfahrung eignet sich ... für ... am besten, denn ...
- Wenn ich die Wahl zwischen den 3 Modellen hätte, würde ich .... vorziehen (bevorzugen, den Vorzug geben, mich für ... entscheiden, o. ä.), da ...

Fokus Sprache 28: Grammatikwiederholung – Steigerung von Adjektiven und Adverbien

Aufgabe 31: Wiederholen Sie zunächst die Regeln zum Komparativ.
a) Ergänzen Sie die Lücken, dann haben Sie die sprachlichen Regeln.

Regeln zur Steigerung
- Die Grundstufe (Positiv) drückt aus, dass zwei Größen _____ sind. Sie besteht aus einem _____ oder einem Adverb. Das Vergleichswort ist so … *wie*.
- Die 1. Steigerungsstufe drückt aus, dass zwei Größen _____ sind. Sie heißt **Komparativ** und wird mit dem Suffix -____ gebildet. Das Vergleichswort ist ____ .
- Die 2. Steigerungsstufe vergleicht mindestens drei _____ und gibt einer davon den ersten Platz. Sie heißt **Superlativ** und wird mit dem Suffix -____ / -st gebildet. Sie kann flektiert und mit der _____ Verbindung *am + -(e)sten* gebraucht werden.

b) Bilden Sie ein paar Beispielsätze zu jeder Regel.

Aufgabe 32: Ergänzen Sie die Tabelle zur Steigerung von Adjektiven

Substantiv/Verb		Adjektiv	Komparativ	Superlativ
Länge, Breite, Höhe	*sein*	lang hoch breit	länger	am längsten
Radstand	*betragen*	groß		
Leistung	*betragen, erreichen*	hoch		
Umweltfreundlichkeit, CO_2 Emission	*sein*	umweltfreundlich hoch/niedrig		
Preis	*sein*	teuer		
Geschwindigkeit	*sein*	langsam hoch		
Beschleunigung	*sein*	hoch gering sportlich rasant		
Verbrauch	*sein*	viel wenig sparsam		

Aufgabe 33: **a) Entwerfen Sie eine Mini-Grafik zum Thema „Steigerung" und ergänzen Sie die Tabelle.**

Mini-Grafik Steigerung	Adverb	Komparativ	Superlativ
	oft häufig		...
	viel		
	wenig	minder	
	gut		

b) Formulieren Sie Sätze mit den folgenden Adverbien. Mischen Sie einfache Sätze aus dem Alltag mit technikorientierten Aussagen.

mindestens, höchstens, bestenfalls, wenigstens, größtenteils, meistens

Modelle
- Hast du wenigstens daran gedacht, Brot einzukaufen?
- Meistens beziehen die Elektroautos von heute ihre Energie aus Lithium-Ionen-Akkus.

Aufgabe 34: **Vergleichen Sie jetzt die drei Fahrzeuge. Nach den drei Tabellen mit den technischen Daten finden Sie Vorschläge für Satzanfänge.**

Technische Daten: VW Golf 1,5 TSI	
Länge x Breite x Höhe/Radstand	4362 x 1793 x 1499 mm/ 2650 mm
Leergewicht	1265 kg
Motor	Vierzylinder Reihenmotor
Kraftstoff	Benzin
Leistung	110 kW/150 PS (bei 5000 U/min)
Maximales Drehmoment	250 Nm
Höchstgeschwindigkeit	219 km/h
Beschleunigung	0 – 100 km/h: 8,5 s
Reichweite nach WLTP*	1020 km
Verbrauch	4,9 l Superbenzin /100 km
CO_2 – Emission	160 g/km
Preis	ca. 27.000 Euro

Abb. 9: VW: Allie_Caulfield (CC BY-SA 2.0)

*WLTP (Worldwide harmonized Light vehicles Test Procedure) ist ein weltweit einheitliches Testverfahren für Leichtfahrzeuge, also für Personenkraftwagen (PKWs) und Nutzfahrzeuge. Es wurde im September 2017 eingeführt.

Technische Daten: Tesla Model 3		
Länge x Breite x Höhe/Radstand	4694 x 1849 x 1443 mm/2875 mm	
Leergewicht	1600 kg	
Motor	Elektromotor	
Kraftstoff	Elektro (Lithium Ionen Akku mit 75 kWh)	
Leistung	239 kW/325 PS	
Maximales Drehmoment	420 Nm	
Höchstgeschwindigkeit	225 km/h	
Beschleunigung	0 – 100 km/h: 5,6 Sekunden	
Reichweite nach WLTP*	385 km	
Verbrauch	14 kWh /100 km	
CO^2 – Emission	0 g/km	
Preis	ca. 43.000 Euro	

Abb. 10: Tesla: Vauxford (CC BY-SA 4.0)
*WLTP (Worldwide harmonized Light vehicles Test Procedure) ist ein weltweit einheitliches Testverfahren für Leichtfahrzeuge, also für Personenkraftwagen (PKWs) und Nutzfahrzeuge. Es wurde im September 2017 eingeführt.

Technische Daten: Hyundai Nexo		
Länge x Breite x Höhe/Radstand	4670 x 1860 x 1630 mm/2790 mm	
Leergewicht	1900 kg	
Motor	Elektromotor mit Brennstoffzelle	
Kraftstoff	Wasserstoff	
Leistung	120 kW/163 PS	
Maximales Drehmoment	395 Nm	
Höchstgeschwindigkeit	179 km/h	
Beschleunigung	0 – 100 km/h: 9,2 Sekunden	
Reichweite nach WLTP*	600 km	
Verbrauch	1,2 kg Wasserstoff /100 km	
CO^2 – Emission	33 g/km	
Preis	ca. 60.000 Euro	

Abb. 11: Hyundai: Y.Leclercq (CC BY-SA 4.0)
*WLTP (Worldwide harmonized Light vehicles Test Procedure) ist ein weltweit einheitliches Testverfahren für Leichtfahrzeuge, also für Personenkraftwagen (PKWs) und Nutzfahrzeuge. Es wurde im September 2017 eingeführt.

Vorschläge für Satzanfänge
* Gleich/ähnlich ist/sind …
* Beide/alle drei Modelle sind …
* Ziemlich ähnlich/fast gleich/wenig Unterschiede zeigen sich bei …
* Ganz verschieden ist/sind …
* Große Ähnlichkeiten bei … gibt es bei …/liegen bei … vor:
* Deutliche Unterschiede im/bei … sind bei den Modellen … und … auszumachen:
* Auffällige Unterschiede zwischen … sind im Bereich … festzustellen /zu beobachten:
* Bei … beträgt … …, aber bei … beträgt …
* Modell … erreicht …, dagegen erreicht Modell … … .

Aufgabe 35:   **Recherchieren und vergleichen Sie zwei Fahrzeuge, die Ihnen persönlich gut gefallen. Begründen Sie Ihre Entscheidung mit genauen Fakten und einer persönlichen Stellungnahme.**

Fokus Sprache 29: Wortschatz – Strategien zum Umgang mit Komposita I

In deutschen Fachtexten befinden sich ausgesprochen viele und lange Komposita, die Sie in keinem Wörterbuch finden werden. Trainieren Sie mit den folgenden Übungen, lange Komposita aus dem Kontext zu verstehen. Ein nützliches Hilfsmittel zum Verständnis solcher „Wortmonster" ist auch das Suchen nach darin bekannten Verben sowie anderen Wortarten und -teilen.

Aufgabe 36:   **Kreuzen Sie die passende Bedeutung an.**

Komposita	Bedeutung
Zukunftsmusik	☐ Aktuelle Musik, die auf allen Kanälen gehört wird ☐ Ideen, Pläne und Träume für die Zukunft ☐ Musikalische Ideen von heute, die sich in Zukunft durchsetzen werden
Abgasnachbehandlung	☐ Technische Nachrüstung von Dieselfahrzeugen, die zu viel Schadstoffe ausstoßen ☐ Präventive Aufrüstung von Dieselfahrzeugen gegen Schadstoffausstoß ☐ Technische Ausrüstung von Dieselfahrzeugen, damit sie nicht zu viel Schadstoffe ausstoßen

Komposita	Bedeutung
Tankinfrastruktur	☐ In einer Region sind ausreichend Tankstellen/Zapfsäulen vorhanden ☐ Ausstattung einer Region mit Straßen, Verkehrsmitteln und Energie ☐ Ausstattung einer Region mit Möglichkeiten zum Tanken von Kraftstoffen
Modellpalette	☐ Malermodell mit Platte zum Mischen der Farben ☐ Viele verschiedene Dinge derselben Art ☐ Viele verschiedene Varianten des gleichen Modells
Wirkungsgrad	☐ Effekt ☐ Effektivität, Relation zwischen aufgewandter Leistung und Nutzen ☐ Anwendungsbereich
Reichweite	☐ Die Entfernung, bis zu deren Grenze jemand oder etwas eine Wirkung hat ☐ Das Gegenteil von Armweite ☐ Das weiteste Gebiet, das eine Macht erreichen kann
Schadstoffemission	☐ Export von Schadstoffen ☐ Aufnahme von Schadstoffen aus der Atmosphäre ☐ Ausstoß von Schadstoffen in die Atmosphäre
Optimierungspotenzial	☐ Etwas muss optimiert werden ☐ Etwas ist optimiert worden ☐ Etwas kann noch weiter optimiert werden

Aufgabe 37:   **Schreiben Sie das Gegenteil:**

Kurzstreckenbetrieb	
Gebrauchtwagenwert	
Selbstzündung ohne Zündkerzen	
sparsam, unkompliziert	
Anschaffung	
Gleichzeitigkeit	
Wasserreichtum	
Wechselstrom	
Maximalwert	

Aufgabe 38: Welches Verb steckt in folgenden Komposita?

Betankungszeit	...
Kompressionszündung	
Abgasreinigung	
Treibstoffherstellung	
Fahrzeughersteller	

Aufgabe 39: Lesen Sie den Text „Antriebstechnologien im Vergleich" 2x:

a) Fokus Sprache: Unterstreichen Sie beim Lesen alle Adjektivkomposita.

b) Fokus Inhalt: Nach jedem Kurztext folgt eine Liste mit den Vorteilen und Nachteilen des beschriebenen Antriebs. Markieren Sie die Vorteile mit + und die Nachteile mit –.

Modell

+ sparsam im Verbrauch   – relativ teuer in der Anschaffung

5.5.2 Antriebstechnologien im Vergleich

Benzinmotor

Die Technik des Ottomotors ist bewährt, Optimierungspotenzial noch immer vorhanden; die Tankinfrastruktur ist flächendeckend verfügbar. Kennzeichen des Ottomotors ist die Kompression eines Mix aus Treibstoff und Luft sowie die anschließende Fremdzündung durch Zündkerzen.

- bewährte Technik
- hohe CO_2-Emissionen
- verhältnismäßig günstig in der Anschaffung
- synthetische Treibstoffherstellung aufwändig
- Tankinfrastruktur sehr gut ausgebaut
- Abgasnachbehandlung relativ einfach

Dieselmotor

Wie der Ottomotor existiert auch der Dieselmotor seit mehr als 100 Jahren. Im Gegensatz zu diesem ist der Dieselmotor ein Verbrennungsmotor mit Kompressionszündung, also einer Selbstzündung ohne Zündkerzen. Dank aufwändiger Nachbehandlung der Abgase mit Partikelfilter und SCR-Technik (selektive katalytische Reaktion) sind moderne Dieselmotoren sehr sauber.

- aufwändige Abgasreinigung
- Tankinfrastruktur sehr gut ausgebaut
- sparsam im Verbrauch
- gegenüber dem Benzinmotor geringere CO_2-Emissionen
- bewährte Technik
- synthetische Treibstoffherstellung aufwändig

Hybridantrieb (HEV)

Eine steigende Zahl von Fahrzeugherstellern setzt heute auf den Hybridantrieb, der einen Verbrennungsmotor (in der Regel ein Benziner) mit einem Elektromotor kombiniert: Der Verbrennungsmotor wird im optimalen Lastpunkt betrieben, der Elektromotor zum Beschleunigen und Zurückgewinnen von Bremsenergie genutzt. Der Hybridantrieb eignet sich vor allem für den Stadtverkehr.

- Tankinfrastruktur sehr gut ausgebaut
- relativ teuer in der Anschaffung
- geringere Schadstoffemissionen
- sparsam im Verbrauch
- höheres Gewicht, da mehrere Antriebstechnologien

Batterieelektrischer Antrieb (BEV)

Dem Elektroauto gehört die Zukunft. So will es die Politik und so wird es von der Industrie vollzogen. Wirkungsgrad, Energieeffizienz und das Fehlen lokaler Schadstoffemissionen sprechen für den batterieelektrischen Antrieb. Elektromobilität eignet sich vor allem im Kurzstreckenbetrieb. Akzeptable Reichweiten werden aktuell nur mit sehr großen und schweren Akkupaketen erreicht.

- lange Ladezeiten und beschränkte Infrastruktur
- problematische Umweltbilanz bei der (Batterie-)Herstellung und Entsorgung
- Gebrauchtwagenwert ungewiss (Batterieersatz)
- Energieeffizient

- emissionsfrei im Betrieb
- Spaßfaktor dank großem Drehmoment
- Nachhaltigkeit abhängig vom Strommix

Brennstoffzellenantrieb (FCEV)

In der Brennstoffzelle reagiert Wasserstoff (H_2) mit Sauerstoff (O_2) zu Wasser und setzt dabei elektrische Energie für den Antrieb des Fahrzeugs frei. Emittiert wird Wasserdampf. Das ist keine reine Zukunftsmusik mehr: In der Schweiz sollen bis 2023 rund 1000 Brennstoffzellen-LKW des koreanischen Herstellers Hyundai verkehren. Gleichzeitig ist ein Netz von 30 H_2-Tankstellen geplant.

- kurze Betankungszeit
- fehlende Infrastruktur
- Nachhaltigkeit abhängig von der Herstellung des Wasserstoffs
- Energieeffizient
- emissionsfrei im Betrieb
- Modellpalette stark eingeschränkt

Nach: https://www.cng-mobility.ch/die-verschiedenen-antriebstechnologien-im-vergleich/

Aufgabe 40: **Schreiben Sie 10 Sätze zum Vergleich verschiedener Antriebe, indem Sie deren Vorteile und Nachteile einander gegenüberstellen. Sie können sich an den Modellsätzen orientieren.**

Eine geeignete sprachliche Form zum Ausdruck von *Unterschieden* sind Sätze mit den Konjunktionen *während* und *dagegen*.

Modellsätze:
- *Während für Fahrzeuge mit Hybridantrieb die Tankinfrastruktur bereits sehr gut ausgebaut ist, fehlt sie für den Brennstoffzellenantrieb noch vollkommen.*
- *Für Fahrzeuge mit Hybridantrieb ist die Tankinfrastruktur bereits sehr gut ausgebaut, dagegen fehlt sie für den Brennstoffzellenantrieb noch vollkommen.*

Der Ausdruck von Gemeinsamkeiten lässt sich z. B. mit den Konjunktionen *sowohl ... als auch* oder *ebenso wie (auch) ...* formulieren. Um eine weitere Information anzuschließen, passen Satzanschlüsse wie *weiterhin, ferner, darüber hinaus, zusätzlich* u. Ä.

Modellsätze:
- *Sowohl ein batterieelektrischer Antrieb als auch ein Antrieb mit Brennstoffzellen ist energieeffizient und im Betrieb emissionsfrei.*

- FCEV ist ebenso wie (auch) BEV energieeffizient und im Betrieb emissionsfrei.
- Weiterhin kommt bei BEV noch der Spaßfaktor durch das große Drehmoment hinzu.

Aufgabe 41: Überlegen und diskutieren Sie: Wenn Sie Verkehrsminister in Ihrem Land wären – welche Antriebstechniken würden Sie fördern? Warum und wie?

Fokus Sprache 30: Wortbildung 6 – Adjektivkomposita mit Suffixoiden

Im Deutschen entstehen viele neue Adjektive, die aus verschiedenen Wörtern zusammengesetzt werden. Dabei fungiert das letzte Adjektiv als Endung (sog. Suffixoid), hat aber im Gegensatz zu Suffixen wie z. B. -ig, -isch, -iv, -lich, -ell, -al eine bestimmte Bedeutung.

Aufgabe 42: Schreiben Sie weitere Beispiele in Spalte 4.

Textbeispiel	Suffixoid	Bedeutung	Weitere Beispiele
emissionsfrei	-frei	enthält kein	
wasserarm	-arm	enthält wenig	
wasserreich	-reich	enthält viel	
energie-effizient	-effizient	ist wirksam	
verhältnis-mäßig	-mäßig	ein bestimmtes Maß wird eingehalten	
computer-gestützt	-gestützt	mit Unterstützung von etwas	
gewinn-orientiert	-orientiert	mit Orientierung an etwas	
wasserfest	-fest	unempfindlich / geschützt gegen etwas	
korrosions-beständig	-beständig	gleichbleibend; widerstandsfähig gegen	

5.6 Turbinenantrieb

5.6.1 Ein moderner und effizienter Antrieb für Flugzeuge: Die Fluggasturbine

Die Fluggasturbine ist das Antriebsaggregat für über 90% der Transportkapazität der Weltluftfahrt. Sie ist auch in den meisten Militärflugzeugen eingebaut. In den meisten Fällen kommen diese Turbinen in Turbostrahltriebwerken zum Einsatz.

Arbeitsprinzip des Turbostrahltriebwerks

Vom Triebwerkseinlauf gelangt angesaugte und eingeströmte Luft in einen mehrstufigen Verdichter. In den nachgeschalteten Brennkammern wird der stark verdichteten Luft der Kraftstoff zugemischt. Hier findet eine kontinuierliche Verbrennung des Kraftstoff-Luft-Gemisches statt. Die stark expandierenden Verbrennungsgase treten nach hinten durch die Düse aus und erzeugen den für den Antrieb erforderlichen Schub.

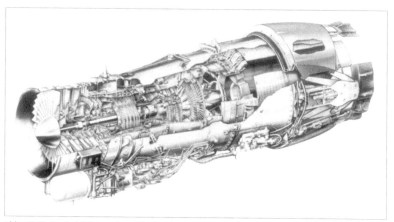

Abb. 12: Turbostrahltriebwerk mit Nachverbrennung und Schubumkehreinrichtung © Europa-Lehrmittel 2015:171

Die Brenngase treiben aber auch eine Gasturbine an, die die beiden Verdichter und alle Nebenaggregate mit der notwendigen Antriebsenergie versorgt. Die speziell geformte Schubdüse bewirkt eine weitere Erhöhung der Austrittsgeschwindigkeit. Der Verdichter verbraucht ungefähr zwei Drittel der Turbinenleistung.

Diese Triebwerke arbeiten mit einer Turbinen-Eintrittstemperatur von bis zu **1 200° C**. Zur Kühlung der thermisch hochbelasteten Brennkammer wird Kühlluft vom Verdichter abgezweigt und beigemischt.
Europa-Lehrmittel 2015:171

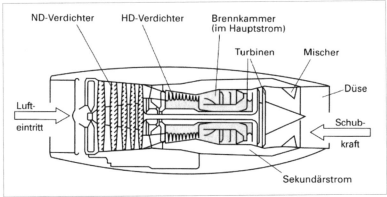

Abb. 13: Schnitt durch ein Turbostrahltriebwerk © Europa-Lehrmittel 2015:170

Aufgabe 43: **Die 4 Fragen sind Aufgaben zum Nachdenken. Die Antworten stehen nicht im Text:**

1. Auf welche Weise wird in einem Turbostrahltriebwerk die Luft verdichtet? Sehen Sie sich dazu Abbildung 13 an. Welche technischen Bauteile können Sie erkennen?
2. Triebwerke sind mit einer Schubumkehr ausgestattet, das heißt der Schub kann entgegen der Flugrichtung gelenkt werden. In welcher Flugphase wird die **Schubumkehr** aktiviert?
3. Schauen Sie sich die Abbildung an. Wenn Luft verdichtet wird steigt der **Druck**. Was bedeutet ND-Verdichter/HD-Verdichter?
4. Ein Teil der Verbrennungsgase treibt Turbinen an. Diese versorgen **Nebenaggregate** mit Energie. Was für Aggregate können das sein?

Aufgabe 44: **Bringen Sie die folgenden Sätze in eine logische Reihenfolge:**

a) Die heiße Luft strömt in die Brennkammer. Dort wird Treibstoff zugemischt.
b) Die Luft wird verdichtet, dadurch erhitzt sie sich stark.

c) Es erfolgt eine kontinuierliche Verbrennung.

d) Ein Teil der Gase treibt Turbinen an, die die beiden Verdichter und Nebenaggregate mit Antriebsenergie versorgen.

e) Luft wird angesaugt und gelangt in den Verdichter.

f) Dabei entsteht der Schub, der das Flugzeug fortbewegt.

g) Bei der Verbrennung entstehen stark expandierende Gase, die durch eine Düse austreten.

Aufgabe 45: **Schreiben Sie den Text jetzt noch einmal und verknüpfen Sie die Sätze mit Temporal- und Kausaladverbien. Achten Sie auf die Wortstellung!**

Geeignete Adverbien sind beispielsweise:
Zuerst, dann, im Anschluss, als Folge, deshalb, aus diesem Grund, in der Folge, schließlich, ...

Fokus Sprache 31: Wortschatz -Strategien zum Umgang mit Komposita II

Wie Sie den Texten zum Turbinenantrieb entnehmen können, gibt es nicht nur zweigliedrige Komposita wie z.B. *Turbinenantrieb*, sondern auch drei-, vier- und mehrgliedrige Komposita, z.B. *Turbostrahltriebwerk* oder *Langstreckengroßraumflugzeug*. Die Schreibweise kann dabei variieren: man sieht z.B. auch Wörter wie *Langstrecken-Großraumflugzeug*, also Kompositaformen, die mit Bindestrich geschrieben sind. Allerdings gibt es hierfür keine einheitlichen Regeln.

Wer deutschsprachige Fachtexte verstehen will, muss sich mit dieser Eigenheit der deutschen Fachsprachen befassen. Am einfachsten ist es, sie als Puzzle aufzufassen, deren Teile man suchen, trennen und zusammensetzen kann. Die folgende Übung hilft Ihnen dabei.

Aufgabe 46: **a) Trennen Sie die einzelnen Teile der Wörter voneinander ab.**

Modell:
Treibstoffkapazität – Treib/stoff/kapazität

Treibstoffkapazität   Höchstgeschwindigkeit   Kohlenstofffaserverbundwerkstoffe   Reisegeschwindigkeit   Verkehrsflugzeug   Flugzeughersteller   Langstreckengroßraumflugzeug   Konkurrenzmodell

Tragflächenstruktur Rumpfstruktur Antriebsenergie Turbostrahl-
triebwerk Fluggasturbine Spannweite Schubumkehreinrichtung
Antriebsaggregat Startmassenmaximum Standardrumpfbreite
Sekundärstrom

b) Nennen Sie die Artikel zu den einzelnen Wörtern.

Modell:
der Treibstoff — die Kapazität

**c) Bilden Sie aus dem Grundwort ein neues Kompositum, indem
Sie es als Bestimmungswort verwenden.**

Modell:
die Höchst/geschwindigkeit — die Geschwindigkeit/s/begrenzung

Grammatik-Tipp   Wiederholung: Fugen-s:

Manchmal wird zwischen die Bestandteile der Komposita ein sog. Fugenelement (-s, -n, -en) eingesetzt; der Zweck ist eine Ausspracheerleichterung
oder auch Aussprache-Erleichterung. Am häufigsten ist das „Fugen-s".
Leider gibt es keine exakten Regeln für alle Möglichkeiten, doch:
Nach den Endungen –heit, -keit, -tion, -ion, -ling, -schaft, -tät, -tum,
-ung steht immer ein „Fugen-s"!

z.B.: Geschwindigkeit – s – begrenzung

Aufgabe 47:   **Ergänzen Sie die Tabelle mit Wörtern aus der Lektion 5 sowie
mit Wörtern, die Ihnen einfallen oder die Sie in anderen Texten
finden.**

Komposita mit Fugen-s	Komposita mit den Fugen-elementen -n oder -en
Antrieb-s-aggregat	Tragfläche-n-struktur

5.6.2 Vergleich von zwei Flugzeugen

Airbus und Boeing sind die beiden größten Flugzeughersteller der Welt.

Aufgabe 48:   Vergleichen Sie zwei der modernsten Großraumflugzeuge, nämlich die Airbus A 350-900 und die Boing 787-9.

Airbus A 350-900	Boeing 787-9

Abb. 14: © Gyrostat (Wikimedia, CC-BY-SA 4.0)	Abb. 15: © Altair 78 (Wikimedia, CC-BY-SA 4.0)
Der Airbus A350 ist ein zweistrahliges Langstrecken-Großraumflugzeug des europäischen Flugzeugherstellers Airbus. Es ist das Verkehrsflugzeug mit hohem Anteil an Kohlenstofffaserverbundwerkstoffen in Rumpf- und Tragflächenstruktur.	Die Boeing 787 ist ein Konkurrenzmodell zum Airbus 350. Sie kann ebenso viele Passagiere transportieren und ist ein Spezialist für mittlere Strecken.
Passagiere: 440 (max.) Antrieb: Zwei Turbofans Triebwerk: Rolls-Royce Trent XWB Spannweite: 64,75 m Länge: 66,90 m Höhe: 17,05 m Rumpfbreite: 5,96 m Leermasse: 130.700 kg Maximale Startmasse: 268000 kg Treibstoffkapazität: 165 000 l Reisegeschwindigkeit: 902 km/h Höchstgeschwindigkeit: 960 km/h Reichweite: 15000 km	Passagiere: 440 (max.) Antrieb: Zwei Turbofans Triebwerk: Trent 1000 Ten/GEnx1B76 Spannweite: 60,17 m Länge: 68,27 m Höhe: 17,00 m Rumpfbreite: 5,70 m Leermasse: 129.000 kg Maximale Startmasse: 245500 kg Treibstoffkapazität: 126 000 l Reisegeschwindigkeit: 903 km/h Höchstgeschwindigkeit: 945 km/h Reichweite: 11900 km

Literatur

- Bach, Ewald; Maier, Ulrich; Mattheus, Bernd; Wieneke, Falko (2015): Kraft- und Arbeitsmaschinen. Verlag Europa-Lehrmittel, Europa-Nr.:10412, Europa-Fachbuchreihe für Metallberufe. Haan-Gruiten
- Helbig, Gerhard; Buscha, Joachim (1994, 16. Aufl.): Deutsche Grammatik. Ein Handbuch für den Ausländerunterricht. Langenscheidt Verlag Enzyklopädie. Leipzig, Berlin, München, Wien, Zürich, New York
- Hüttl R. F. et al. (2010): Elektromobilität – Potenziale und Wirtschaftlich-Technische Herausforderungen, Springer Verlag. Berlin
- Reif, Konrad (Hg.) (2017): Grundlagen Fahrzeug- und Motorentechnik. Springer Vieweg. Wiesbaden
- Wegner, Norbert; Feldmann, Tanja; Sommer, Daniela (1997): Kraft- und Arbeitsmaschinen. Die Technik und ihre sprachliche Darstellung. Georg Olms Verlag. Hildesheim Zürich New York
- Zettl, Erich; Janssen, Jörg; Müller, Heidrun; Moser, (2002): Aus moderner Technik und Naturwissenschaft. Neubearbeitung: Ein Lese- und Übungsbuch für Deutsch als Fremdsprache (Deutsch). -Neubearbeitung (Hueber) München

Links

- https://www.cng-mobility.ch/die-verschiedenen-antriebstechnologien-im-vergleich/ (Zuletzt aufgerufen am 23.2.2021)
- Blue Engineering TUB: http://blue-eng.km.tu-berlin.de/wiki/Arten_von_Elektromotoren#cite_note-8 (Zuletzt aufgerufen am 23.2.2021)
- www.sew-eurodrive.de/startseite.html (Zuletzt aufgerufen am 23.2.2021)

Kapitel 6
Fertigungstechnik

Zusatzmaterial online

Zusätzliche Informationen sind in der Online-Version dieses Kapitel
(https://doi.org/10.1007/978-3-658-35983-6_6) enthalten.

6.1 Zur Entwicklung der Werkzeugmaschinen

Aufgabe 1   Geben Sie jedem Abschnitt des Textes über Werkzeugmaschinen eine Überschrift.

Werkzeugmaschinen besitzen an der Gesamtheit der industriellen Produktion als Produktionsmittel einen wesentlichen Anteil. Sowohl die Qualität der gefertigten Produkte als auch die Wirtschaftlichkeit der Produktion hängt vom technischen Stand und der ständigen Weiterentwicklung der Werkzeugmaschinen ab.

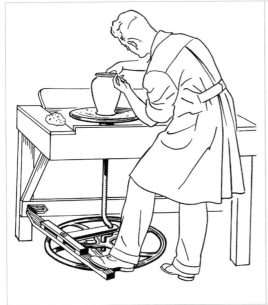

Die Entwicklung der Werkzeugmaschinen lässt sich aus bildlichen und schriftlichen Überlieferungen sowie aus historischen Sammlungsgegenständen rekonstruieren. Mit dem Einsatz von Meißel und Schabewerkzeugen begann bereits in der Steinzeit der Einsatz von Werkzeugen.

Aber erst im 8. Jahrhundert wurde die *Drehmaschine* in ihrer primitivsten Form eingesetzt. Als Antrieb diente hierbei ein Fiedelbogen. Die fußbetriebene Wippe stellte als Weiterentwicklung bis zum 15. Jahrhundert eines der wichtigsten Antriebsprinzipien dar. Der Fußantrieb wird noch heute beim Töpfern benutzt.

Bild 1 zeigt einen Töpfer an der Töpferscheibe mit Fußantrieb.

Abb. 1: Töpferscheibe mit Fußantrieb. © wikimedia.org

Mit der Erfindung der Dampfmaschine wurden im 18. Jahrhundert die ersten leistungsfähigen Bohrmaschinen für die Metallbearbeitung entwickelt. Ende des 18. Jahrhunderts fand die erste Bettdrehmaschine ihren Einsatz. Die Entwicklung der wichtigsten Arten von Werkzeugmaschinen war Ende des 19. Jahrhunderts weitgehend abgeschlossen.

Mit der Erfindung des Gasmotors und wenig später des 4-Takt-Motors in der Mitte des 19. Jahrhunderts wurde die Dampfmaschine als Maschinenantrieb abgelöst. Die Energie wurde nun von einer zentralen Arbeitsmaschine durch gewaltige Transmissionsantriebe zu den Werkzeugmaschinen in die Produktionsstätte geleitet. Erst durch die Erfindung des Drehstrommotors gegen Ende des 19. Jahrhunderts wurde die Transmission durch Einzelantriebe an den Maschinen abgelöst.

Während bei der manuellen Fertigung der Drehmeißel von der Hand gehalten und geführt werden musste, war die Bearbeitung des Werkstücks durch die Mechanisierung der Arbeitsbewegung unabhängig von der Kraft und Geschicklichkeit des Drehers möglich.

Bild 2 zeigt die Bearbeitung eines Werkstücks durch manuelles und maschinelles Drehen.

Abb. 2: Manuelles und maschinelles Drehen. © Europathek S. 285

Durch die schnell fortschreitende Entwicklung der Rechnertechnik fand in den zurückliegenden Jahren die Automatisierung der Arbeitsbewegungen ihren Einzug. Mit der Weiterführung der Automatisierung besteht heutzutage die Möglichkeit der Komplettbearbeitung des Werkstücks.

Europathek – Kraft- und Arbeitsmaschinen. S. 285

Aufgabe 2 **Wandeln Sie die folgenden Nominalphrasen in verbale Ausdrücke mit „man" um.**

Modell:

Durch den Einsatz von Werkzeugen
- *indem man Werkzeuge einsetzt/eingesetzt hat*
- *dadurch, dass man Werkzeuge einsetzt/eingesetzt hat*
- *man setzt Werkzeuge ein/man hat Werkzeuge eingesetzt*

Nominalphrasen	man-Sätze
Mit dem Einsatz von Meißel und Schabewerkzeugen	
Durch den Einsatz des Transmissionsantriebs	
Mit der Erfindung des Gasmotors	
Die Bearbeitung eines Werkstücks	
Durch die Leitung der Energie	
Durch die Mechanisierung der Arbeitsbewegung	
Mit der Weiterführung der Automatisierung	
Die Komplettbearbeitung eines Werkstücks	

Aufgabe 3   Ergänzen Sie das passende Verb und verbinden Sie die Rede-
wendung mit der passenden Bedeutung.

Redewendung		Bedeutung
einen großen Anteil		etwas zieht ein, fängt an
den Einzug		etwas ist ein wichtiges Antriebsprinzip
ihren/seinen Einsatz		damit wird etwas angetrieben
als Antrieb		etwas wird eingesetzt, benützt
ein bedeutendes Antriebsprinzip _sein_		ein wichtiger Teil von etwas sein

Aufgabe 4   Setzen Sie die richtigen Präpositionen ein.

Ein großer Anteil (1)_____ der Gesamtheit der industriellen Produktion
fällt (2)_____ die Werkzeugmaschinen. Die Entwicklung der meisten Arten (3)_____ Werkzeugmaschinen war (4)_____ Ende des 19.
Jahrhunderts abgeschlossen. Sie lässt sich (5)_____ bildlichen und
schriftlichen Überlieferungen sowie (6)_____ historischen Samm-
lungen rekonstruieren. Erst (7)_____ der Erfindung (8)_____ Motoren
wurde die Ablösung der Dampfmaschine (9)_____ Maschinenantrieb
möglich. Die Energie wurde nun (10)_____ einer zentralen Arbeitsmaschine (11)_____ gewaltige Transmissionsantriebe (12)_____
den Werkzeugmaschinen (13)_____ die Produktionsstätte geleitet.

Aufgabe 5   Für das Verb „lösen" und seine Ableitungen gibt es viele Bedeutungen. Was passt?

lösen ablösen auflösen einlösen

Ein Rätsel _____

Einen Lottoschein mit Gewinn _____

Eine Gleichung nach x _____

Zucker im Tee _____

Ein Problem _____

Einen Scheck _____

Einen Vorgänger in seiner Position (als Präsident, Chef, Sieger ...)

Einen Gutschein _____

Eine Aufgabe _____

Sich gegenseitig (z. B. beim Wegbringen des Mülls oder beim

Sport) _____

Kochsalz in Wasser _____

Ein Versprechen _____

Aufgabe 6 Entwerfen Sie ein Poster, das die Entwicklung der Werkzeugmaschinen von der Steinzeit bis zur Gegenwart verdeutlicht. (Idealerweise: Partner- oder Gruppenarbeit)

6.2 Fertigungstechnik und Fertigungsverfahren nach DIN 8580

6.2.1 Einteilung

In der Fertigungstechnik werden alle Verfahren zur Herstellung von Werkstücken als **Fertigungsverfahren** bezeichnet. Nach **DIN 8580** werden die Fertigungsverfahren in sechs Hauptgruppen geordnet:

1. Urformen
2. Umformen
3. Trennen
4. Fügen
5. Beschichten
6. Stoffeigenschaften ändern.

Die Zuordnung in die jeweilige Hauptgruppe erfolgt danach, ob der *Stoffzusammenhalt* des Werkstücks *geschaffen, beibehalten, vermindert* oder *vermehrt* wird (siehe folgende Tabelle 1).

Nach: https://www.iph-hannover.de/de/dienstleistungen/fertigungsverfahren/uebersicht-fertigungsverfahren/

Tabelle 1: Einteilung der Fertigungsverfahren nach DIN 8580				
	Zusammen-halt schaffen	Zusammen-halt beibe-halten	Zusammen-halt vermin-dern	Zusammenhalt vermehren
Änderung der Form	Haupt-gruppe 1 Urformen (Form schaf-fen)	Haupt-gruppe 2 Umformen	Haupt-gruppe 3 Trennen	Haupt-gruppe 4 Fügen — Haupt-gruppe 5 Beschichten
		Hauptgruppe 6 Stoffeigenschaften ändern durch		
Änderung der Stoff-eigenschaf-ten		Umlagern von Stoff-teilchen	Aussondern von Stoff-teilchen	Einbringen von Stoff-teilchen

Aufgabe 7   Welche Synonyme passen zu den Verben der 1. Zeile? Schreiben Sie dazu:

Mögliche Synonyme: die Anzahl vergrößern – die Anzahl verkleinern – bei etwas bleiben – herstellen – gleichbleiben – produzieren – ver-ringern – zunehmen

Verben der 1. Zeile:

(Zusammenhalt) schaffen _____

(Zusammenhalt) beibehalten _____

(Zusammenhalt) vermindern _____

(Zusammenhalt) vermehren _____

Fokus Sprache 32: Verben zur Fertigungstechnik

Schon ein schneller Blick auf die Tabelle zur Einteilung der Ferti-gungsverfahren nach DIN 8580 zeigt, dass es hier um vielfältige Prozesse geht, die sich präzise mit bestimmten Verben beschreiben lassen. Einige dieser Verben sind allgemein üblich, andere eher unbekannt. Das Verb „urformen" beispielsweise taucht nur im technischen Kontext auf, während „ändern" im alltäglichen Deutsch vorkommt. In der Tabelle stehen alle Verben in der grammatikalischen Form des substantivierten Infinitivs.

Aufgabe 8 **Überlegen Sie: Welche Verben aus der Tabelle kennen Sie?**
a) Welche Verben mit einer Vorsilbe sind trennbar, welche sind nicht trennbar?
b) Nennen Sie das Partizip II aller Verben aus der Tabelle.
c) Welche Bedeutung wird mit der Vorsilbe „*um-*" verbunden? Suchen Sie weitere Beispiele.

Urformen und Umformen

Das Verb *urformen* ist syntaktisch offenbar von dem Nomen *Urform* abgeleitet und funktioniert semantisch ähnlich wie die Nomina *Ur-großmutter* – *Großmutter* bzw. die Adjektive *uralt* – *alt*. Die Vorsilbe „ur" wird im Bestand der deutschen Verbpräfixe nicht aufgeführt (vgl. Helbig/Buscha S. 1994:222 ff) und ist sonst nicht üblich. Sprachsystematisch müsste das Verb *urformen* trennbar sein, doch ein Satz wie „wir *formen* ein Werkstück *ur*" klingt merkwürdig. Wir würden vorschlagen, das Verb aus pragmatischen Gründen wie ein nicht trennbares Verb mit dem Partizip II „urgeformt" zu behandeln.

Fokus Sprache 33: Grammatikwiederholung – trennbare und nicht trennbare Verben

Erinnern Sie sich an die Regel zur Trennbarkeit von Verben?

Aufgabe 9 **a) Ordnen Sie die 3 Überschriften den entsprechenden Gruppen von Präfixen zu.**
1. Unbetont und deshalb untrennbar
2. Betont und somit trennbar
3. Sowohl betont und trennbar als auch unbetont und untrennbar

a) ab-, an-, auf-, aus-, bei-, mit-, nach-, vor-, zu-, da(r)-, ein-, fort-, her-, hin-, los-, nieder-, weg-, weiter-, wieder
b) durch-, hinter-, über-, um-, unter-
c) be-, ent-, er-, ver-, zer-, ge-, miss-, de(s)-, dis-, in-, re-

b) Sammeln Sie Beispiele aus der Sprache der Technik und des Alltags.

6.2.2. Überblick über die Fertigungs- verfahren nach DIN 8580

Die **Fertigungstechnik** beschäftigt sich mit der wirtschaftlichen Herstellung von Werkstücken, welche enorm von der Wahl der Ferti- gungsverfahren beeinflusst wird. Dabei entstehen **zwei Forderungen**: Einerseits sollen die Herstellungskosten möglichst gering bleiben, andererseits soll das Werkstück durch das Fertigungsverfahren mit den bestmöglichen Eigenschaften versehen werden.

Im Folgenden wird ein Überblick über die einzelnen Hauptgruppen gegeben:

Urformen

Als Urformen werden alle Fertigungsverfahren zusammengefasst, bei denen ein Werkstück aus zuvor formlosem Material hergestellt wird. Das Ausgangsmaterial kann flüssig oder in Pulverform vorlie- gen. Das bedeutendste Verfahren in dieser Gruppe ist das Gießen, bei dem flüssiges Material in Formen zu festen Körpern erstarrt. Dabei werden hauptsächlich metallische und Werkstoffe aus Kunststoff eingesetzt.

Umformen

Beim Umformen wird festes Ausgangsmaterial in seine finale Geo- metrie gebracht, ohne Material abzunehmen oder hinzuzufügen. Umformende Verfahren werden vorwiegend in der Metallbearbei- tung eingesetzt. Die wichtigsten Verfahren sind dabei das Walzen und das Schmieden bei massiven Bauteilen, sowie das Tiefziehen und das Biegen bei Blechteilen.

Trennen

In trennenden Verfahren wird der Materialzusammenhalt an der Bearbeitungsstelle aufgehoben. Die wichtigsten Verfahren dieser Hauptgruppe sind die spanenden Verfahren, die für nahezu jedes feste Material angewendet werden können. Beispiele hierfür sind das Bohren, das Fräsen, das Drehen, das Schleifen.

Fügen

Die Verfahren des Fügens schaffen eine lang anhaltende Verbindung mehrerer Werkstücke. Dabei existiert eine breite Vielfalt an Verfahren. Zu den wichtigsten Verfahren gehören das Schweißen, das Löten, das Kleben und das Schrauben.

Beschichten

Das Beschichten beschreibt alle Verfahren, bei denen aus einem formlosen Ausgangsmaterial eine lang anhaltende, fest haftende Schicht auf einem Werkstück erzeugt wird. Die wichtigsten Verfahren sind das Lackieren, das Galvanisieren und das Auftragschweißen.

Stoffeigenschaften ändern

Vorwiegend bei metallischen Werkstoffen werden Verfahren angewendet, die die Stoffeigenschaften des Werkstücks ändern. Häufige Verfahren sind das Härten und das Glühen.

Nach: https://www.iph-hannover.de/de/dienstleistungen/fertigungsverfahren/uebersicht-fertigungsverfahren/

Aufgabe 10 **Tragen Sie die Informationen aus dem Text in Stichworten in die Tabelle ein.**

Hauptgruppen	Ausgangsmaterial	Prozess/Ablauf	Beispiele
1			
2			
3			
4			

5			
6			

Aufgabe 11 Kontrollieren Sie, welche der folgenden Verben für bestimmte Fertigungstechniken Sie kennen. Die unbekannten Verben sollten Sie im Wörterbuch nachschlagen und auf Englisch/in Ihrer Muttersprache notieren.

biegen, bohren, drehen, fräsen, galvanisieren, gießen, glühen, kleben, lackieren, löten, schrauben, schweißen, schleifen, schmieden, tiefziehen, walzen

Fokus Sprache 34: Funktionsverbgefüge

Wenn man sich mit Verben befasst, muss man auch die sog. *Funktionsverbgefüge* betrachten.

Beispiele:

ihren Einsatz finden, zur Anwendung kommen, zur Verfügung stehen, Schlussfolgerungen ziehen

Funktionsverbgefüge (abgekürzt: FVG) sind semantische Einheiten, die aus einem Funktionsverb (FV) und einem nominalen Bestandteil (meist Substantiv im Akkusativ oder Präpositionalgruppe) bestehen. Ihre Bedeutung entspricht einem Vollverb, z.B. das FVG *in Gebrauch nehmen* bedeutet *gebrauchen*. Die FV haben in diesem Zusammenhang vorwiegend nur eine grammatische Funktion und werden wie Hilfsverben benützt; die lexikalische Bedeutung liegt in dem nominalen Teil. Beispielsweise **kommt** im FVG *zur Anwendung kommen* niemand, sondern etwas wird **angewendet**.

Aufgabe 12   Verbinden Sie die Funktionsverbgefüge mit den bedeutungsglei-
chen vollständigen Verben.

Funktionsverbgefüge		Vollverben
zum Abschluss bringen		bewegen
Bezug nehmen auf		starten, anfangen
in Bewegung versetzen		etwas wird/wird nicht gültig, wirksam
ein Experiment durchführen		auswählen
in Betrieb nehmen		sich beziehen
in/außer Kraft setzen		beobachten
einer Beanspruchung unterliegen		(be)wirken
eine Auswahl treffen		abschließen, beenden
unter Beobachtung stellen		versuchen, experimentieren
eine Wirkung haben		etwas wird strapaziert, beansprucht

Es gibt Funktionsverbgefüge mit aktivischer und passivischer Bedeutung, d. h. im 1. Fall ist das Subjekt des FVG das Agens („der Täter"),
im 2. Fall nicht, z. B.:
1. **Ich** stelle die Frage zur Diskussion.
2. **Meine Frage** steht zur Diskussion.

Eine kleine Gruppe von Funktionsverben hat immer passivische
Bedeutung, obwohl die Verben grammatisch im Aktiv stehen. Dazu
gehören: *sich befinden, bekommen, bleiben, erfahren, finden, gehen, gelangen, kommen, sein, stehen*
* z. B. als FVG: *einen Auftrag bekommen*
* Bedeutung: *beauftragt werden*

Aufgabe 13   Paraphrasieren Sie den Satz mit dem FVG mit einem Passivsatz.

Modell:
*Die Anlage bleibt weiter in Betrieb – (betreiben)   die Anlage
wird weiter betrieben*

a) Der Tunnel befindet sich im Bau – (bauen) _____

b) Für den Erfolg dieses Projekts bekommen Sie keine Garantie –
   (garantieren) _____

c) Dieses Modell muss eine Verbesserung erfahren –
   (verbessern) _____

d) Diese Technik findet inzwischen millionenfach ihre Anwendung – (anwenden) _____

e) Das Buch geht nach langen Verhandlungen in Druck – (drucken) _____

f) Wann gelangt die dritte Versuchsreihe zur Durchführung? – (durchführen) _____

g) Stimmt es, dass die Methode des Galvanisierens selten zur Anwendung kommt? – (anwenden) _____

h) Als bedeutendstes Verfahren für Urformen ist das Gießen im Einsatz – (einsetzen) _____

i) Geschäftsleitung und Betriebsrat stehen in enger Verbindung – (verbinden) _____

Eine Reihe von FVG kommen sowohl in aktivischer als auch in passivischer Bedeutung vor:

z. B. aktivisch: *zum Abschluss bringen/führen*
passivisch: *zum Abschluss kommen*

Aufgabe 14   **a) Suchen Sie zu den FVG mit aktivischer Bedeutung ein passendes Agens.**

b) Formulieren Sie die FVG mit passivischer Bedeutung in Passivsätze um.

Modell:
Der Chef bringt die Angelegenheit zum Abschluss. –
Die Angelegenheit wird abgeschlossen.

FVG mit aktivischer Bedeutung	FVG mit passivischer Bedeutung
zum Abschluss bringen/führen	zum Abschluss kommen
zur Anwendung bringen	zur Anwendung kommen
zum Ausdruck bringen	zum Ausdruck kommen
zu Ende bringen/führen	zu Ende kommen
in Bewegung setzen/versetzen	in Bewegung geraten
zur Debatte stellen	zur Debatte stehen

FVG mit aktivischer Bedeutung	FVG mit passivischer Bedeutung
zur Diskussion stellen	zur Diskussion stehen
zur Durchführung bringen	zur Durchführung kommen/ gelangen
zur Entscheidung bringen/ge- langen	zur Entscheidung kommen
in Gebrauch nehmen	in Gebrauch sein
zur Herstellung bringen	zur Herstellung kommen

6.2.3 Verschiedene Verfahren beim Trennen

Die drei wichtigsten Verfahren der Hauptgruppe 3 (Trennen) werden im Folgenden näher erläutert.

Aufgabe 15 **Lesen Sie und bearbeiten Sie danach die Fragen.**
a) Was wird beim Drehen und was wird beim Fräsen bewegt?
b) Welche Formen von Bewegungen finden bei den aufgeführten Trennverfahren statt?

Drehen

Das Drehen ist ein spanendes Verfahren, das vor allem zur Fertigung rotationssymmetrischer Bauteile dient. Beim Drehen wird das zu bearbeitende Werkstück in Rotation versetzt, wobei das Werkzeug die zu erzeugende Kontur abfährt und dabei Material abträgt. Das Fertigungsverfahren wird in der metallverarbeitenden Industrie beispielsweise zur Herstellung von Wellen, Bolzen, Spindeln, Naben und Achsen eingesetzt.

Bohren

Beim Bohren wird das Werkzeug in eine kreisförmige Schnittbewegung versetzt und führt gleichzeitig eine Vorschubbewegung in Richtung der Drehachse aus. Je nach gewünschter Bohrungskontur werden verschiedene Bohrverfahren wie das Bohren ins volle Material, das Aufbohren, das Reiben und das Gewindebohren angewendet.

Fräsen

Das Fräsen wird beispielsweise zur Fertigung von Nuten, Stufen, Taschen, Konturen oder Flächen verwendet. Anders als beim Drehen wird beim Fräsen das Werkzeug und nicht das Werkstück in Bewegung versetzt. Beim Fräsen wird je nach Richtung der Vorschubbewegung zwischen dem Gegenlauffräsen und Gleichlauffräsen unterschieden.

Aufgabe 16 Analysieren Sie die folgenden Komposita. Welche Wörter stecken drin? Erklären Sie die Bedeutung, wenn möglich mit anderen Worten.
- rotationssymmetrisch
- Vorschubbewegung
- Gegenlauffräsen/Gleichlauffräsen

a) b) c)

Abb. 3: Modelle von Bohr-, Fräs- und Drehmaschinen © Pixabay

Aufgabe 17 Welche Definition passt zu welchem Bild? Ordnen Sie zu.

Definition A
Drehmaschinen

Drehmaschinen sind spanende Werkzeugmaschinen zur Herstellung rotationssymmetrischer Werkstücke, die in der Grundausführung mit nicht angetriebenen Werkzeugen bearbeitet werden. Während das Werkstück eine **Schnittbewegung** ausführt, wird die **Vorschubbewegung** über das Werkzeug erzeugt. Die **Schneiden am Werkzeug** sind *geometrisch bestimmt*.

Definition B
Fräsmaschinen

Fräsmaschinen sind spanende Werkzeugmaschinen mit Werkzeugen, die eine rotatorische Schnittbewegung ausführen. Die **Werkzeuge** sind hierbei **geometrisch bestimmt**. Die Vorschubbewegung wird je nach Fräsmaschine über das Werkzeug oder die Bewegung des Werkstücks ausgeführt. Hauptsächlich findet eine Vorschubbewegung senkrecht zur Achsrichtung der Hauptantriebsspindel statt.

Definition C
Bohrmaschinen

Bohrmaschinen sind spanende Werkzeugmaschinen für rotatorisch bewegte Werkzeuge mit **geometrisch bestimmten Schneiden**. Hierbei wird die vom Werkzeug ausgeführte Schnittbewegung durch eine axiale Vorschubbewegung des Werkzeugs oder auch des Werkstücks überlagert.
Texte: Bach et al. EUROPA-LEHRMITTEL 16. (2015:201–306)

Aufgabe 18   **Analysieren Sie die folgenden Komposita nach dieser Methode:**
a) Schreiben Sie das Grundwort mit Artikel auf.
b) Notieren Sie sämtliche Wörter, die in dem Kompositum stecken.
c) Gibt es dabei grammatikalisch veränderte Formen (Derivate/Ableitungen) anderer Wörter? Falls ja, welche? Wie heißt das Grundwort?

Komposita
Achsrichtung, Zentrierrolle, Querrichtung, Längs-, Quer- und Schrägwalzmaschinen, Schnittbewegung, Vorschubbewegung, Festständerbauweise, Hauptantriebsspindel

Zum Verfahren Drehen

Kennzeichnend für das Fertigungsverfahren Drehen ist die spanende Bearbeitung eines sich um eine Achse drehenden Werkstücks durch ein geeignetes Werkzeug. Dafür wird das Werkstück auf einer Seite in das so genannte Futter eingespannt und gegebenenfalls auf der anderen Seite unterstützt. Man unterscheidet die Drehverfahren Runddrehen, Plandrehen und Abstechdrehen (Einstechdrehen).

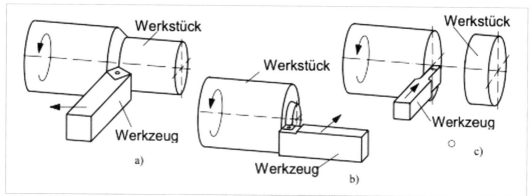

Abb. 4: Drehverfahren: a) Runddrehen, b) Plandrehen, c) Abstechdrehen. © Labisch/Wählisch 2020:69

Aufgabe 19   **Beantworten Sie die Fragen mit Hilfe der Skizzen in Abb. 4.**
1. Welcher Teil wird in Skizze a) und b) in einer Vorschubbewegung bewegt?
2. Welcher Teil wird in Skizze a) b) und c) in einer Zustellbewegung bewegt?
3. In welcher Richtung zur Drehachse erfolgt die Vorschubbewegung beim Runddrehen?
4. In welcher Richtung zur Drehachse erfolgt die Zustellbewegung beim Runddrehen?

Aufgabe 20   **Zu welchem Foto passt welcher Kurztext? (Die Fotos sind in der richtigen Reihenfolge, die Texte gemixt.) Ordnen Sie zu.**

Foto 1   Foto 2   Foto 3

(Fortsetzung der Fotostrecke auf der nächsten Seite)

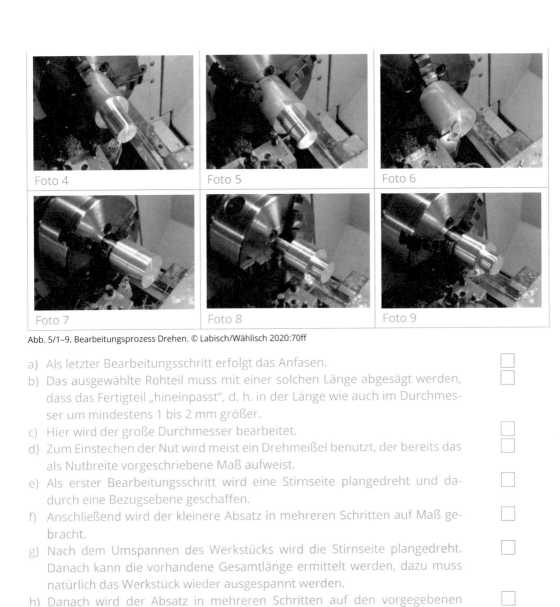

Abb. 5/1–9. Bearbeitungsprozess Drehen. © Labisch/Wählisch 2020:70ff

a) Als letzter Bearbeitungsschritt erfolgt das Anfasen. ☐

b) Das ausgewählte Rohteil muss mit einer solchen Länge abgesägt werden, ☐
dass das Fertigteil „hineinpasst", d. h. in der Länge wie auch im Durchmesser um mindestens 1 bis 2 mm größer.

c) Hier wird der große Durchmesser bearbeitet. ☐

d) Zum Einstechen der Nut wird meist ein Drehmeißel benutzt, der bereits das ☐
als Nutbreite vorgeschriebene Maß aufweist.

e) Als erster Bearbeitungsschritt wird eine Stirnseite plangedreht und da- ☐
durch eine Bezugsebene geschaffen.

f) Anschließend wird der kleinere Absatz in mehreren Schritten auf Maß ge- ☐
bracht.

g) Nach dem Umspannen des Werkstücks wird die Stirnseite plangedreht. ☐
Danach kann die vorhandene Gesamtlänge ermittelt werden, dazu muss natürlich das Werkstück wieder ausgespannt werden.

h) Danach wird der Absatz in mehreren Schritten auf den vorgegebenen ☐
Durchmesser abgedreht.

i) In dem vorletzten Bearbeitungsgang auf dieser Einspannseite werden die ☐
Kanten gebrochen. Zum Fertigen dieser Fasen wird ein spezieller Drehmeißel benötigt.

Zum Verfahren Fräsen

Kennzeichnend für das Fertigungsverfahren Fräsen ist die spanende Bearbeitung durch eine kreisförmige Schnittbewegung des Werkzeugs. Je nach Anordnung der Schneiden am Werkzeug wird zwischen Stirn- und Umfangsfräsen unterschieden. Die Vorschubbewegung kann sowohl durch das Werkzeug als auch durch das Werkstück erfolgen.

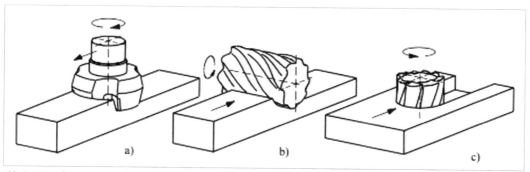

Abb. 6: Fräsverfahren: a) Stirnfräsen, b) Umfangfräsen, c) Umfangs-Stirnfräsen. © Labisch/Wählisch 2020:73

Aufgabe 21 **Lesen Sie die Beschreibung und schreiben Sie dann passende Wörter zu den Oberbegriffen.**

Der erste Schritt bei der Fräsbearbeitung eines Rohteils ist das Planfräsen aller sechs Seiten, da bei einem Rohteil eine Parallelität und Ebenheit der Seiten nicht vorausgesetzt werden kann. Diese Eigenschaften des Werkstücks sind wichtig, damit alle Spannmittel verwendet werden können.

Zunächst wird eine beliebige Seite plangefräst. Zum Planfräsen größerer Flächen werden im Allgemeinen Stirnfräser benutzt. Danach wird das Werkstück so gedreht, dass die zuvor bearbeitete Fläche unten liegt. Mit speziellen Spannmitteln wird die zuvor bearbeitete Fläche an eine Bezugsfläche gedrückt, sodass die dann oben liegende Fläche parallel zur ersten ist.

(Fortsetzung auf der nächsten Seite)

Nach dieser Bearbeitung werden die Stirnseiten plangefräst. Wird – wie auf diesem Foto – das Werkzeug gewechselt, so ist es nicht notwendig, das Werkstück umzuspannen. Dies ist günstiger, denn so kann die Einhaltung des rechten Winkels am Werkstück besser gewährleistet werden als durch das Umspannen.

Für die weitere Bearbeitung muss in der Regel das Werkzeug gewechselt werden. Hier wird zur Fertigung der oben liegenden Tasche wieder ein Schaftfräser benötigt. Die Fertigung der Tasche kann auf 2 Arten erfolgen: entweder mit einem Schaftfräser mit dem gleichen oder mit einem kleineren Durchmesser als für die Tasche vorgeschrieben. Ist der Durchmesser des Werkzeugs kleiner, so muss er zusätzlich rotieren.

Die benachbarte Nut kann ebenfalls mit einem Schaftfräser gefertigt werden, wenn der Durchmesser des Werkzeugs gleich oder kleiner der Nutbreite ist. Sind der Durchmesser und die Breite der Nut identisch, so wird der Fräser nur positioniert, auf die nötige Tiefe zugestellt und die verlangte Nutenlänge abgefahren. Ist der Durchmesser des Schaftfräsers kleiner, so wird er geführt, damit sich die erforderliche Nutenlänge ergibt.

Für die seitlich liegende Nut wird ein Schlitz- oder Scheibenfräser (zum Umfangfräsen) genutzt. Zum Anfertigen der beiden Seitennuten muss (wie hier) das Werkstück nicht noch einmal umgespannt werden. Der Fräser, dessen Breite hier der vorgeschriebenen Nutbreite entspricht, wird in Position gefahren, die erforderliche Tiefe wird zugestellt und die vorgeschriebene Länge abgefahren.

Abb. 7/1–5 Fräsverfahren.
Fotos und Texte: © Labisch/Wählisch 2020: 74–75

Oberbegriffe:
Werkzeuge: _____

Geometrie: _____

Handlungen: _____

Werkstück und seine Teile: _____

6.3 Additive Fertigung als zukunftsweisendes Fertigungsverfahren

6.3.1 Neueste Trends bei Fertigungsverfahren

Ein aktueller Trend sind **generative Fertigungsverfahren**. Dazu kommen **3D-Drucker** zum Einsatz. Sowohl Kunststoffe als auch Metalle können bereits formgenau zum Endbauteil hergestellt werden. Die Fertigungsverfahren sind eng mit dem Thema **Industrie 4.0** und **Digitalisierung** verbunden. Durch eine stärkere Vernetzung der Prozesse und Maschinen untereinander sowie der übergeordneten Produktionsplanung entstehen häufig Effekte, die die Produktivität einzelner Verfahren verbessern.

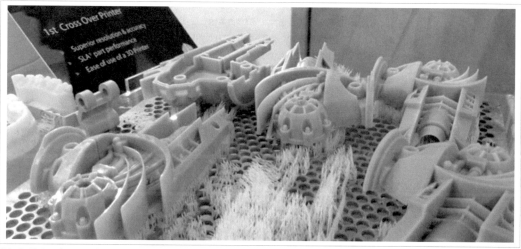

Abb. 8: 3D-Druck –Stereolithographieteile auf der prozessbedingten Bauplattform. Mit freundlicher Genehmigung von © Prof. Paasch 2021

Fokus Sprache 35: Wiederholung – Adjektivkomposita

Ähnlich wie Nominalkomposita entstehen (nicht nur) in der Technik laufend neue Adjektivkomposita, die aus verschiedenen Wortarten, Vor- und Nachsilben zusammengesetzt werden können, z.B.:

-e Wabe + -e Form + -ig wabenförmig
viel + -e Gestalt + ig vielgestaltig
nicht + -s Metall + isch nichtmetallisch
zwischen + -e Zeit + -lich zwischenzeitlich

Aufgabe 22 a) Welche zwei Adjektivkomposita befinden sich im Kurztext „6.3.1 Neueste Trends bei Fertigungsverfahren"?

b) Bilden Sie möglichst viele Adjektivkomposita. Die Reihenfolge, in der Sie die vorgeschlagenen – oder weitere – Wörter und Silben verwenden, ist beliebig.

Vor- und Nachsilben	Nomina	Adjektive/ Partizipien	Präpositionen/ Adverbien	Adjektivkomposita
un-, nicht-, super-, hyper-, extra-	Form Metall Material	geordnet gefertigt beständig	über, unter, hinter, vor, neben, gegen, zwi-	
-lich, isch, -ig, -bar, -iv, -al, -ell	Ende Hitze Prozess	gültig hängend bedingt	schen, durch, zusammen	

6.3.2 Grundlagen der additiven Fertigung

Additive Fertigung, die auch als 3D-Druck (alternative Schreibweise: 3-D-Druck) oder generative Fertigung bezeichnet wird, gewinnt in der Industrie zunehmend an Bedeutung. Insbesondere im Prototypenbau, bei Bauteilen mit hohem Individualisierungsgrad oder Bauteilen mit einer komplizierten Geometrie werden diese Fertigungsverfahren angewendet.

Bei **Additiven Fertigungsverfahren** wird durch Zufügen von Material ein Bauteil erzeugt. Eine Besonderheit der generativen Fertigungsverfahren ist, dass der Fertigungsprozess werkzeuglos auf Grundlage von 3-D-CAD-Daten erfolgt. Dies erhöht gegenüber der herkömmlichen Fertigungsverfahren die Flexibilität in der Fertigung. Mit verschiedenen additiven Fertigungsverfahren können unterschiedliche Werkstoffe verarbeitet werden – wie etwa Kunststoffe, Kunstharze, Keramiken und Metalle.

Wie funktioniert additive Fertigung? Bei der Additiven Fertigung wird ein Bauteil anhand einer 3-D-CAD-Datei erzeugt. In der Regel erfolgt die Fertigung schichtweise, indem zunächst eine Ebene des Bauteils gefertigt wird. Über das Hinzufügen weiterer Schichten in der dritten Raumrichtung entsteht das dreidimensionale Bauteil.
Nach: https://www.iph-hannover.de/de/dienstleistungen/fertigungsverfahren/additive-fertigung/

Abb. 9: Alltagsgegenstände als 3D-Druck-Produkte.

Abb. 10: 3D-Produkt Torus. © Fotos Prof. Paasch

Aufgabe 23   a) Erklären Sie die Bedeutung der Begriffe werkzeuglos und schichtweise.

b) Sammeln Sie verwandte Wörter zum Adjektiv additiv

Aufgabe 24   Übertragen Sie in Stichworten Informationen aus den Texten „6.3.1. Neueste Trends bei Fertigungsverfahren" und „6.3.2 Grundlagen der additiven Fertigung" in die Tabelle.

Benennung	
Anwendung	

Methode/Verfahren	
Materialien	
Vorteile	
Nachteile	
Besonderheit	

6.3.3 Einsatzgebiete und Vorteile der additiven Fertigungsverfahren

Generative Fertigungsverfahren finden insbesondere in Bereichen Anwendung, in denen geringe Stückzahlen, eine komplizierte Geometrie und ein hoher Individualisierungsgrad gefordert sind. Dies ist im Werkzeugbau, in der Luft- und Raumfahrt oder bei medizinischen Produkten der Fall. Die generativen Fertigungsverfahren bieten Vorteile für die Automatisierung der Produktion.

Allerdings weisen additive Fertigungsverfahren auch einige Nachteile auf, zum einen die notwendige Nachbearbeitung, wenn eine hohe Oberflächengüte gefordert ist, zum anderen lange Prozesszeiten, da das Bauteil Schicht für Schicht erzeugt wird. Die generativen Fertigungsverfahren sind nicht für alle Anwendungen gleichermaßen geeignet. Im Bereich der standardisierten Massenproduktion sind konventionelle Fertigungsverfahren wie Fräsen und Drehen der additiven Fertigung vorzuziehen.

Es gibt **verschiedene generative Fertigungsverfahren** wie etwa Stereolithografie, Laserstrahlschmelzen, Lasersintern, Rapid Manufacturing, Rapiding, Gefertec (3D-Strukturen durch Auftragsschweißen), Elektronenstrahlschmelzen, Fused Layer Modelling und Digital Light Processing. Sie können unterschiedliche Werkstoffe verarbeiten und sind somit auch für unterschiedliche Anwendungen geeignet. Alle diese Bezeichnungen meinen jedoch das Gleiche, nämlich generative oder additive Fertigungsverfahren bzw. 3D-Druck.

Nach: https://www.iph-hannover.de/de/dienstleistungen/fertigungsverfahren/additive-fertigung/ und Einführungsvorlesung Prof. Paasch, 2020

Aufgabe 25 Überprüfen Sie noch einmal die von Ihnen bereits ausgefüllte Tabelle (von Aufgabe 24). Gibt es im Text „6.3.3 Einsatzgebiete und Vorteile der additiven Fertigungsverfahren" weitere neue Informationen? Wenn ja, dann ergänzen Sie.

Tabelle 2: Anwendung additiver Fertigungsverfahren bei Verarbeitung von Werkstoffen	
Verfahren	**Verarbeitbare Werkstoffe**
Stereolithografie	Kunststoff, Keramik
Lasersintern	Kunststoff, Formsand, Metall, Keramik
Laserstrahlschmelzen	Metall
Elektronenstrahlschmelzen	Metall
Fused Layer Modelling	Kunststoff
Multi-Jet Modelling	Kunststoff
Poly-Jet Modelling	Kunststoff
3-D-Drucken	Kunststoff, Formsand, Metall, Keramik
Layer Laminated Manufacturing	Kunststoff, Metall, Keramik, Papier
Digital Light Processing	Kunststoff, Metall, Keramik
Thermotransfer-Sintern	Kunststoff

Fokus Sprache 36: Grammatische Wiederholung – Passiversatzformen

Für Passivsätze mit dem Hilfsverb können existieren 3 Ersatzformen, die in technischen Texten sehr häufig benutzt werden:

Passivsatz: Dieser Werkstoff *kann verarbeitet werden*.
Ersatzformen:
1. sich lassen: Dieser Werkstoff *lässt sich verarbeiten*
2. man: *man kann* diesen Werkstoff *verarbeiten*
3. -bar: Dieser Werkstoff ist *verarbeitbar*

Aufgabe 26 Formulieren Sie zu der Tabelle zur Anwendung von additiven Fertigungsverfahren Passivsätze mit dem Hilfsverb können und wandeln Sie Ihre Sätze in alle 3 Ersatzformen um.

Modell:

Passiv: Mit der Methode Thermotransfer-Sintern können Kunststoffe verarbeitet werden.

Ersatz 1: Mit der Methode Thermotransfer-Sintern lassen sich Kunststoffe verarbeiten.

Ersatz 2: Mit der Methode Thermotransfer-Sintern kann man Kunststoffe verarbeiten.

Ersatz 3: Mit der Methode Thermotransfer-Sintern sind Kunststoffe verarbeitbar.

Aufgabe 27 Entwickeln Sie einen Text zum Schaubild „Datenfluss beim Rapid Prototyping" (siehe Schaubild auf der nächsten Seite). Geeignete Verben und Formulierungshilfen finden Sie hier unter a) ud b).

Hilfen zur Textproduktion:

a) Suchen Sie zu den Stichpunkten aus dem Schaubild passende Verben, sodass richtige Wortgruppen entstehen, beispielsweise:

erstellen, erheben, analysieren, nachbearbeiten, drucken, einstellen, verwenden ...

Modell:
ein digitales Modell aus CAD – erstellen

b) Schreiben Sie aus den Wortgruppen einen Text mit diesen Formulierungshilfen:
Zuerst ...
Dann ...
Gleichzeitig ...
Am Schluss muss noch ...

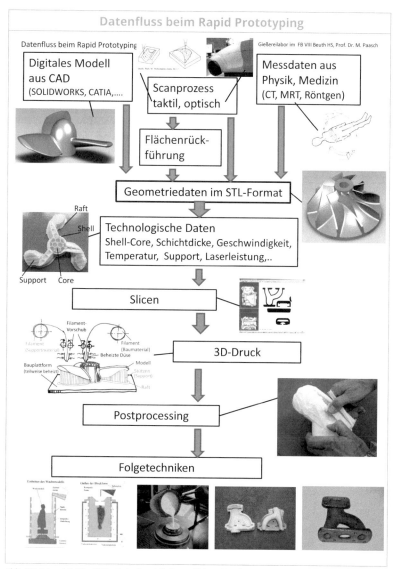

Abb. 11: Schaubild Rapid Prototyping. Mit freundlicher Genehmigung von © Prof. Paasch 2021

Aufgabe 28 Formulieren Sie zum Schaubild über Rapid Prototyping Sätze mit Passiv oder Passiversatz.

6.3.4 Potenziale der generativen Fertigung

Die besonderen **Vorzüge der 3-D-Fertigung** liegen darin, dass anders als bei den konventionellen Fertigungsverfahren die Fertigung ohne Werkzeug und ohne Form erfolgt. Die gewünschte Geometrie wird direkt aus 3-D-CAD-Daten erzeugt. Dies ermöglicht eine schnelle Fertigung von Prototypen (rapid prototyping), von Endprodukten (rapid manufacturing) und von Werkzeugen und Formen (rapid tooling). Weiterhin ist es möglich, verschiedene Bauteile auf einer Maschine zu fertigen – unter Umständen sogar zeitgleich. Da die Fertigung werkzeuglos erfolgt, können die zu fertigenden Teile ohne Aufwand individualisiert werden.

Abb. 12: Objet-Technologie – farbige Kunststoffmodelle. Mit freundlicher Genehmigung von © Prof. Paasch 2021

Die additiven Fertigungsverfahren finden insbesondere in der Luft- und Raumfahrt, dem medizinischen Bereich (Prothetik), der Automobilbranche und dem Werkzeugbau Anwendung, da in diesen Branchen Anforderungen an die Bauteile gestellt werden, welche die generative Fertigung begünstigen. Durch 3-D-Fertigungsverfahren können Geometrien erzeugt werden, die mit konventionellen Fertigungsverfahren nicht oder nur mit hohem Aufwand erzeugt werden können. Diese sind beispielsweise innen liegende Strukturen, Freiformflächen oder Strukturen in sehr kleinen Größen.

Ein **weiterer Vorteil der additiven Fertigung** ist, dass der Fertigungsprozess automatisiert abläuft. Für den Fertigungsprozess ist es nicht erforderlich, dass ein Mitarbeiter die Maschine bedient. Nur das Vorbereiten der Maschine und das Entnehmen des Bauteils sowie eine mögliche Nachbehandlung muss manuell erfolgen.

Nach: https://www.iph-hannover.de/de/dienstleistungen/fertigungsverfahren/additive-fertigung/

Prototypen

Ein Prototyp ist das erste Exemplar eines bestimmten Produkts, das hergestellt wird. Im alltäglichen Deutsch versteht man darunter auch ein typisches Beispiel für etwas im Sinn von „der Inbegriff von etwas sein", z.B. „Er ist der Inbegriff eines Torwarts".

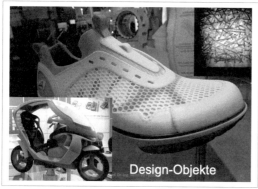

Abb. 13: Design-Objekte. Foto:
Mit freundlicher Genehmigung von © Prof. Paasch 2021

Abb. 14: Modell für Auto der Zukunft?

Aufgabe 29   Tragen Sie die Beispiele für in 3D-Druck hergestellte Produkte in die unten stehende Tabelle von Einsatzbereichen ein.

- Prothesen & Orthesen
- Ersatz- und Sonderteilherstellung on-demand (z.B. für Oldtimer)
- Schaltkreise (schon jetzt z. T. prototypisch möglich, aber Qualitätsverbesserungen zu erwarten)
- Bionisch optimierte Bauteile (z.B. Armlehnen)
- Hydraulikkomponenten, Eisdetektorensonden
- Roboter für unbemannte Weltraummissionen
- Modelle zur Vorbereitung von chirurgischen Eingriffen
- Druck von Elektroteilen
- Architekturmodelle

- Zukünftiges Ziel: funktionsfähige Organe herzustellen
- Drohnen
- Hochgeschwindigkeitsturbinenschaufeln
- Einstöckige Häuser
- Implantate (künstliche Kniegelenke, Kreuzbänder, Kiefer-implantate)
- Brücken

Beispiele nach https://www.bitkom.org/Themen/Technologien-Software/3D-Druck/Einsatzbereiche.html

Tabelle 3: Einsatzbereiche des 3-D-Drucks	
3-D-Druck in Architektur & Bau	**Beispiele**
Modelle, z. B. von Gebäuden, werden in der Architektur häufig noch mit viel Zeitaufwand per Hand angefertigt. Da viele Modelle aber inzwischen als Computermodell vorliegen, besteht das Potential, diese in einer kürzeren Zeit in 3D auszudrucken.	
3-D-Druck in der Luft- und Raumfahrt	**Beispiele**
Ein Drittel der Betriebskosten eines Flugzeugs hängt mit dem Kerosinverbrauch zusammen. Deshalb ist der Leichtbau, wie er durch additive Fertigung möglich ist, ein entscheidender Faktor im Flugzeugbau. Flugzeuge müssen leicht und stabil sein. Wird das Gewicht der Bauteile reduziert, kann der Flugzeugbetreiber Treibstoff einsparen und die Zuladung steigern.	
3-D-Druck in Maschinenbau & Fertigung	**Beispiele**
In vielen Branchen ist das Anfertigen spezieller Werkzeuge und Bauteile ein aufwendiger Schritt im Fertigungsprozess. Der Einsatz konventioneller Verfahren ist hier in der Regel teuer und zeitaufwändig. Mithilfe des 3D-Drucks können Produkte und Kleinserien schneller produziert werden. Darüber hinaus gibt es noch viele weitere Einsatzgebiete in der Fertigung, z. B. Ersatzteile für Maschinen oder Verbesserung von Bauteilen (z. B. leichter, präziser, integrierte Kühlung).	

3-D-Druck in Medizin & Forschung	Beispiele
Zentrale Herausforderung der Medizin ist es, dass jedes Individuum einzigartig ist. Der 3D-Druck bietet eine hohe Design-Freiheit, so dass Medizinprodukte und Hilfsmittel direkt individuell und personalisiert produziert werden können. Perspektivisch wird es weitergehende Anwendungsbereiche, wie die Herstellung von Organen oder Organteilen geben. So könnten z. B. die Leber oder das Herz bzw. Herzklappen nachgebildet werden.	

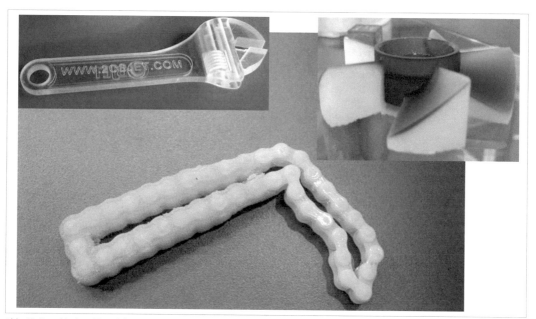

Abb. 15: Verschiedene Materialien und Farben; bewegliche Modelle. Bei der Kette wurde die Stützstruktur teilweise durch Auswaschen entfernt. Mit freundlicher Genehmigung von © Prof. Manfred Paasch 2021

Allgemeine Vorteile von 3-D-Druck

- Individualisierung der Produkte
- Höhere Designfreiheit
- Rapid Prototyping: Schnelles Erstellen von hochwertigen Prototypen (ohne Werkzeuge)

- Umweltfreundlichkeit (weniger Materialverbrauch als bei subtraktiven Technologien, Einsparung von CO_2, da Transport bei Vor-Ort Produktion wegfällt/sich verringert)
- Verwendung von verschiedenen Materialien in einem Druckgang
- Herstellung von mehreren gleichen Objekten in einem Druckgang
- Sichere Erwartung von weiteren Verbesserungen der Parameter, insbesondere in der Materialvielfalt, in den nächsten Jahren

Text (vereinfacht) nach: https://www.bitkom.org/Themen/Technologien-Software/3D-Druck/Einsatzbereiche.html

Aufgabe 30 **Formulieren Sie die Nominalausdrücke in Passivsätze oder man-Sätze um.**

Modell:

Individualisierung der Produkte Die Produkte können individualisiert werden/Man kann die Produkte individualisieren

Literatur

- Bach, Ewald; Maier, Ulrich; Dr. Mattheus, Bernd; Wieneke, Falko (2015): Kraft- und Arbeitsmaschinen. Verlag EUROPA-LEHRMITTEL. Vollmer GmbH & Co. KG 16. Völlig überarbeitete Auflage. Europa-Lehrmittel Nr. 10412. Haan-Gruiten
- Labisch, Susanna; Wählisch, Georg (2020): Technisches Zeichnen. Eigenständig lernen und effektiv üben. 6. Auflage. Springer Vieweg. Wiesbaden
- Interne Materialien von Prof. Manfred Paasch, Beuth-Hochschule Berlin

Links

- https://www.bitkom.org/Themen/Technologien-Software/3D-Druck/Einsatzbereiche.html (zuletzt aufgerufen am 30.4.2021)
- https://www.iph-hannover.de/de/dienstleistungen/fertigungsverfahren/uebersicht-fertigungsverfahren/ (zuletzt aufgerufen am 30.4.2021)
- https://www.iph-hannover.de/de/dienstleistungen/fertigungsverfahren/additive-fertigung/ (zuletzt aufgerufen am 30.4.2021)

Kapitel 7
Mechatronik

Zusatzmaterial online

Zusätzliche Informationen sind in der Online-Version dieses Kapitel
(https://doi.org/10.1007/978-3-658-35983-6_7) enthalten.

© Springer Fachmedien Wiesbaden GmbH, ein Teil von Springer Nature 2021
M. Steinmetz und H. Dintera, *Deutsch im Maschinenbau*,
https://doi.org/10.1007/978-3-658-35983-6_7

7.1 Grundwortschatz zur Mechatronik

Aufgabe 1 Suchen Sie die Wörter, die Sie *nicht* kennen.

7.1.1 Definition

Die Mechatronik ist ein interdisziplinäres Gebiet der Ingenieurwissenschaften, das auf Mechanik, Elektrotechnik und Informatik aufbaut. Im Vordergrund steht die Ergänzung und Erweiterung mechanischer Systeme durch Sensoren und Mikrorechner zur Realisierung teilintelligenter Produkte und Systeme.
BROCKHAUS ENZYKLOPÄDIE, Leipzig 2000, zit. nach Czichos 2019:3

Das deutsche Wort *Mechatronik* entspricht dem Begriff *mechatronics*, welches Ende der 1960er Jahre in einer japanischen Hersteller-Firma für Industrieroboter geprägt wurde. Die Bezeichnung hat sich weltweit in der Technik durchgesetzt.

Aufgabe 2   Tragen Sie die beteiligten Disziplinen sowie die Mechatronik in das Diagramm ein.

Abb. 1: Konzentrische Kreise. Grafik: Robert Haselbacher

Das Aufgabengebiet der Mechatronik betrifft heute in der Technik Erzeugnisse und Konstruktionen in geometrischen Dimensionen von mehr als 10 Größenordnungen.

Aufgabe 3   a) Beschreiben Sie das Bild

b) Suchen Sie weitere Beispiele und ordnen Sie diese der Makrotechnik, der Mikrotechnik und der Nanotechnik zu.

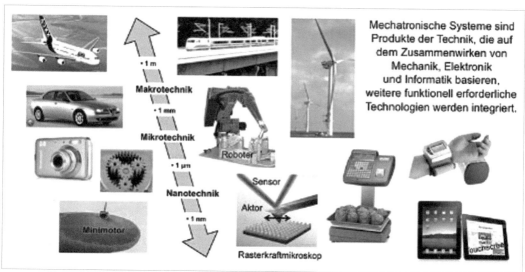

Abb. 2: Dimensionsbereiche der Mechatronik in der heutigen Technik: Makrotechnik, Mikrotechnik, Nanotechnik © Czichos 2019:4

7.1.2 Technische Systeme

In der Technik wählt man heute anstatt der schlecht abgrenzbaren Ausdrücke Maschine, Gerät, Apparat lieber den allgemeinen Begriff: das *Technische System*. Es ist gekennzeichnet durch die Funktion, Stoff (Material), Energie und/oder Information umzuwandeln, zu transportieren und/oder zu speichern. Dem entspricht folgende Einteilung:

- Materialbasierte technische Systeme
- Energiebasierte technische Systeme
- Informationsbasierte technische Systeme

Aufgabe 4 **Tragen Sie die folgenden Beispiele in die Tabelle ein.**
Smartphone, Generator, Produktionsanlage, Transportsystem, DVD-Player, Antriebssystem

Technisches System	Aufgabe	Beispiel
Materialbasiert	Stoffe gewinnen, bearbeiten, transportieren etc.	
Energiebasiert	Energie umwandeln, verteilen, nutzen etc.	
Informationsbasiert	Informationen generieren, übertragen, darstellen etc.	

Kennzeichen technischer Systeme sind ihre *Funktion* und ihre *Struktur*. Die Systemstruktur besteht aus interaktiven Systemelementen (Bauelementen). Die für die Systemfunktion erforderlichen Eingangsgrößen (Inputs) werden von der Systemstruktur aufgenommen und über Interaktionen der Systemelemente in Ausgangsgrößen (Outputs) überführt. Es gilt die Regel: *structure follows function* (nach Peter Drucker).
Nach Czichos 2019: 9–11

Ein System ist ein Gebilde, das durch Funktion und Struktur verbunden ist und durch eine Systemgrenze von seiner Umgebung virtuell abgegrenzt werden kann. Die *Systemfunktion* besteht in der Überführung operativer Eingangsgrößen in funktionelle Ausgangsgrößen. Die *Systemstruktur* besteht aus der Gesamtheit der Systemelemente, ihren Eigenschaften und Wechselwirkungen.
Czichos 2019:49

Aufgabe 5   Bilden Sie Sätze zur Beschreibung der folgenden Gesamtdar-
stellung eines technischen Systems am Beispiel eines Indust-
rieroboters. Sie können dabei sprachliche Mittel aus der Liste
verwenden.

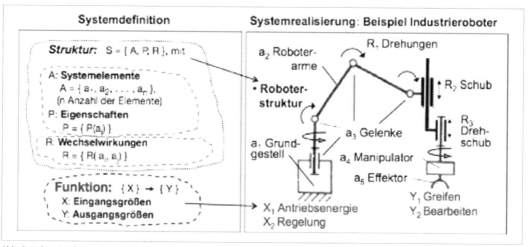

Abb. 3: Industrieroboter als Beispiel eines technischen Systems © Czichos 2019:11

Liste sprachlicher Mittel

Lokalisierung	Verben	Begriffe
Links/rechts oben/unten/daneben schräg darüber/darunter auf der linken/rechten Seite in der linken/rechten Grafik	angeben, aufführen, aufnehmen, bestehen aus, darstellen, eintragen, enthalten, entsprechen, gehören zu, sehen, überführen, umfassen, zählen zu, (ein)zeichnen, zeigen, zuordnen	Symbol, Pfeil, Bauelement Klein- bzw. Großbuchstaben gestrichelte Linie Klammern (rund, geschweift) Menge, Teilmenge, Mengenschreibweise operative Eingangsgröße funktionelle Ausgangsgröße

7.1.3 Aufbau mechatronischer Systeme

Aufgabe 6   Verbinden Sie die Satzteile zu sinnvollen Sätzen zum Aufbau
mechatronischer Systeme.

(siehe Tabelle auf der nächsten Seite)

Mechatronische Systeme	ermitteln	mechanischen, elektronischen, magnetischen, thermischen, optischen u. a. Bauelementen
Die mechanische Grundstruktur mechatronischer Systeme	wandeln	elektrische Führungsgrößen Prozessoren zu
Sensoren	basieren auf	Signale
Sensoren	ist verknüpft mit	funktionsrelevante Messgrößen
Sensoren	führen	dem systemtechnischen Zusammenwirken von Mechanik, Elektronik und Informatik
Prozessoren	erzeugen	Messgrößen in elektrische Führungsgrößen um
Prozessoren und Aktoren	verarbeiten	Stellgrößen für Regelung und Steuerung

7.1.4 Ziele der Entwicklungsmethodik Mechatronik

Für die Gestaltung mechatronischer Systeme ist es funktionell erforderlich, dass Mechanik, Elektronik und Informatik interdisziplinär zusammenwirken, um die wichtigsten Ziele zu erreichen. Wie Sie wissen, sind im Deutschen zwei sprachliche Varianten zur Benennung von Zielen üblich:

Als Nebensatz mit Konjunktion:	als nominalisierte Form:
damit Ziele erreicht werden um Ziele zu erreichen wenn man Ziele erreichen will	zur Erreichung von Zielen zum Erreichen von Zielen
damit eine Wirkung erzielt wird um eine Wirkung zu erzielen wenn man eine Wirkung erzielen will	zur Erzielung einer Wirkung zum Erzielen einer Wirkung

Aufgabe 7   Ergänzen Sie die Tabelle, indem Sie Nebensatzkonstruktionen in Nominalausdrücke umwandeln und umgekehrt.

Nebensatzkonstruktionen	Nominalausdrücke
Damit eine Funktion erfüllt wird	
	zur Gewährleistung/zum Gewährleisten der Sicherheit
	bei Beachtung der Ergonomie
	zur Vereinfachung /zum Vereinfachen der Fertigung
	zum Erleichtern der Montage
Um die Qualität sicher zu stellen	
Um den Transport zu ermöglichen	
	zur Verbesserung des Gebrauchs
	als Hilfe bei der Instandhaltung
Wenn Recycling angestrebt wird	
Damit man Kosten minimiert	

Fokus Sprache 37: Verben zum Umgang mit Daten

Was tun Menschen und Maschinen, wenn sie mit Daten umgehen?

Aufgabe 8   a) Sammeln Sie möglichst viele passende Verben aus den Ihnen bekannten Sprachen, die man zum Umgang mit Daten benützt.

b) Ordnen Sie die Verben aus Abb. 4 (siehe nächste Seite) den Oberbegriffen zu und überlegen Sie, welche Tätigkeiten von Menschen, welche von Maschinen und welche von beiden ausgeführt werden können.

Datenausgabe	Datenerfassung	Datenverarbeitung

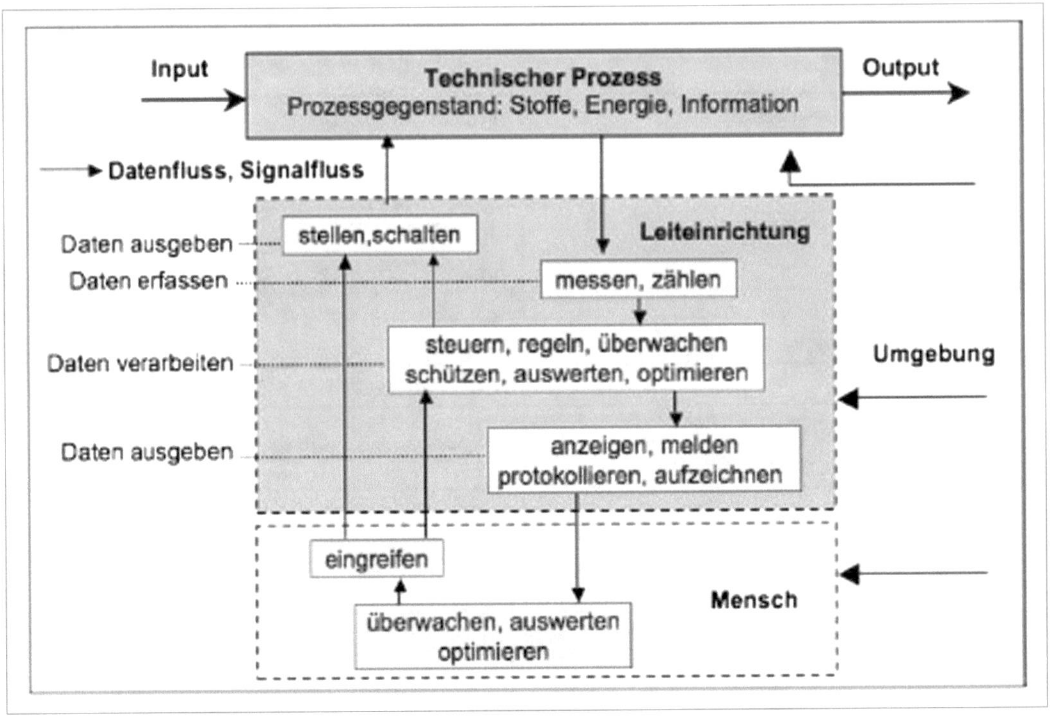

Abb. 4: Leittechnik: Prozessführung technischer Systeme durch den Menschen © Czichos 2019:57

Fokus Sprache 38: Zur Systematik von Adjektiven

Sie erinnern sich: Adjektive beschreiben Eigenschaften und Merkmale. Wenn man das *Gegenteil* einer bestimmten Eigenschaft zeigen will, benützt man entweder ein *anderes Adjektiv* (z.B. jung – alt) oder eine *Vorsilbe/Präfix* (z.B. glücklich – unglücklich).

Im Kontext technischer Systeme werden bestimmte Adjektive häufig verwendet, deshalb sollen sie hier wiederholt werden:

Aufgabe 9 a) Schreiben Sie das Gegenteil zu folgenden Adjektiven und geben Sie die Systematik an.

z. B.:
- magnetisch – nichtmagnetisch; Vorsilbe nicht-
- gerade – ungerade; Vorsilbe un-
- breit – lang; anderes Wort

Adjektiv	Gegenteil	Systematik
analog		
linear		
stabil		
metallisch		
diskret		
geregelt		
abhängig		
niedrig		
organisch		
innere		
elektrisch		

b) Suchen Sie weitere Beispiele zu den verschiedenen Vorsilben.

Suffixoide

Neue Adjektive entstehen oft dadurch, dass Adjektive als Grundwort in einem Kompositum in Kombination mit einem Nomen verwendet werden. Das Grundwort wirkt dann wie eine *Nachsilbe/Suffix*, daher nennt man es *Suffixoid*. Es gibt in der Technik viele Wortneuschöpfungen dieser Art, z. B.:

computergestützt, rechnerbasiert, normgerecht, passgenau.

Aufgabe 10 **a) Bilden Sie Adjektivkomposita mit den Suffixoiden -gestützt, -gerecht, -basiert.**

Sie können die aufgeführten Begriffe verwenden, aber auch andere suchen.

Beanspruchung, Energie, Fertigung, Information, Material, Norm, Rechner, Recycling, System, Transport

b) Suchen Sie weitere Beispiele für Adjektive und Adjektivkomposita mit den Suffixen bzw. Suffixoiden

-ar, -arm, -bar, -ell, -förmig, -haltig, -ig, -isch, -lich, -los, -reich, -tiv

7.2 Beispiele

7.2.1 Der Fahrscheinautomat – ein Beispiel für ein mechatronisches Gerät

Jeder kennt aus dem täglichen Leben die Maschine, die auf Bahnhöfen und an vielen Haltestellen im Öffentlichen Nahverkehr eine Fahrkarte ausstellt. Synonyme für „Fahrkarte" sind in der deutschen Umgangssprache die Wörter „Ticket" und „Fahrschein".

Jeder kann diese Maschine bedienen. Man muss nur die passenden Münzen, Geldscheine oder -karten haben und wissen, wohin man fahren will. Doch wie funktioniert diese Maschine? Welche Prozesse müssen innerhalb der Maschine ablaufen, damit nach einer bestimmten Eingabe ein bestimmter Fahrschein gedruckt wird? Zahlreiche mechanische wie auch elektronische Prozesse müssen zu diesem Zweck ablaufen und perfekt ineinander greifen; ein Fahrscheinautomat ist ein Beispiel für ein komplexes mechatronisches Gerät, das im heutigen Alltagsleben von den meisten Leuten häufig benützt wird.

Abb. 5: Fahrscheinautomat von außen.
© Pixabay Foto: Wolfgang Eckert

Aufgabe 11   a) Welche einzelnen Aufgaben muss ein Fahrscheinautomat bewältigen?

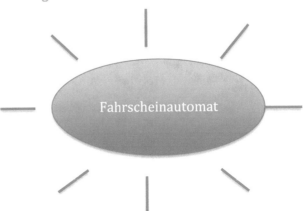

b) Nennen Sie Begriffe, mit denen man das Äußere des Automaten präzise beschreiben kann.

Die folgende Grafik zeigt als mechatronisches Schema alle Prozesse, die im Gerät koordiniert ablaufen müssen, damit aus einer Eingabe über ein bestimmtes Fahrziel ein gültiger Fahrschein dorthin entsteht.

Fahrscheinautomat

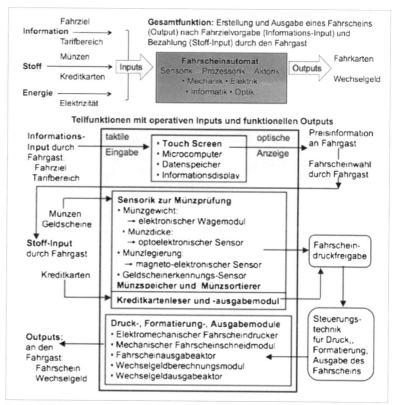

Abb. 6: Mechatronisches Schema eines Fahrscheinautomaten. © Czichos 2019:234

Aufgabe 12 Lesen Sie alle Wörter in diesem Schema laut vor, deren Bedeutung Sie spontan verstehen.

Fokus Sprache 39: Fachsprachliches Stilmerkmal I – Komprimierungen

Eine zentrale Eigenschaft von fachsprachlichen Texten besteht darin, dass man in möglichst kurzer sprachlicher Form möglichst viele fachliche Informationen zusammenfassen und weitergeben will. Ziel dabei sind komprimierte Informationen, die verkürzt, präzise und eindeutig sein müssen und in unpersönlicher Art und Weise ausgedrückt werden.

So werden oft mehrere Informationen aus mehreren Begriffen zu einem neuen Wort zusammengefasst. Da die deutsche Sprache die Möglichkeit zur Bildung von zusammengesetzten Wörtern – zur *Kompositabildung* – besitzt, entstehen in diesem Prozess der *Informationsverdichtung* neue, lange Wörter, die man in nichtfachlichen mündlichen Gesprächen nie benützen würde. Diese Tendenz könnte man so beschreiben: *Wörter statt Sätze.* Sprachlich sind solche verdichteten Informationswörter dann nicht mehr kurz, sondern ausgesprochen lang, aber als Text sind zusammengesetzte Wörter kürzer als ganze Sätze und gelten daher als ökonomisch.

Gerade im Fach Maschinenbau wird die Möglichkeit des Deutschen zur Bildung von Komposita voll ausgeschöpft und führt zu vielfach extrem langen Wörtern, die man oft beim Lesen verstehen kann, die aber natürlich so in keinem Wörterbuch zu finden sind.

Ein Beispiel für ein solches Wort ist das Kompositum (manche sagen auch: Wortungetüm oder Wortmonster) *Wechselgeldberechnungsmodul.*

Aufgabe 13 **Suchen Sie im Schema zum Fahrscheinautomaten die Komposita mit derselben Bedeutung wie der in Spalte 1 mit einem Satz beschriebene Prozess und tragen Sie es in die 2. Spalte ein.**

Wörter statt Sätze	
Prozess/Bedeutung	Komposita
1.	In diesem Modul wird berechnet, wieviel Wechselgeld zurückgegeben werden muss.	*Wechselgeldberechnungsmodul*
2.	An dieser Stelle wird der Impuls gegeben, dass das bereitgestellte Wechselgeld ausgezahlt wird.	

3.	An dieser Stelle findet die Aktivierung dafür statt, dass ein Fahrschein ausgegeben werden kann.	
4.	An dieser Stelle wird die Erlaubnis gegeben, dass der Fahrschein gedruckt wird.	
5.	Der Fahrgast wählt aus einer Liste verschiedener Möglichkeiten, welchen Typ von Fahrschein er will.	
6.	An dieser Stelle wird die Kredit- oder Geldkarte des Benutzers eingelesen.	
7.	An dieser Stelle wird die vorher eingezogene Kredit- oder Geldkarte des Benutzers wieder ausgegeben.	
8.	In diesem Modul wird der einzelne Fahrschein mechanisch aus einem großen Bogen Papier ab- oder herausgeschnitten.	

Aufgabe 14   **Wo beginnt ein neues Wort und aus welchen Teilen bestehen die Wörter? Markieren Sie in der Wörterschlange**

a) **die neuen Wörter**
b) **die Wortbestandteile (achten Sie auf Grund- und Bestimmungswörter sowie Fugenelemente).**

Fahrgastdatenspeicherpreisinformationgeldscheintarifbereichtouchscreenwechselgeldausgabeaktorfahrscheinausgabeaktormicrocomputerfahrscheindruckfreigabewechselgeldberechnungsmodulmünzsortiererfahrscheindruckerfahrscheinwahlfahrzielvorgabesteuerungstechnikformatierungsmodulinformationsdisplaygeldscheinerkennungssensor

Aufgabe 15   **Analysieren Sie die Komposita in Spalte 1, indem Sie**

a) **das Wort, in seine Bestandteile zerlegt, in die 2. Spalte schreiben**
b) **den Artikel ergänzen**
c) **verwandte Verben in Spalte 3 und verwandte Adjektive oder Nomina in Spalte 4 schreiben.**

In der 2. Zeile sehen Sie ein Modell!

Kompositum	Zerlegt in einzelne Wörter und Fugenelemente + Artikel	Verwandte Verben	Verwandte Adjektive/Nomina
Fahrscheinwahl	die Fahr/schein/wahl	fahren, wählen	Wähler, wählbar
Fahrscheindruck-freigabe			
Wechselgeldaus-gabeaktor			
Steuerungstechnik			
Kreditkartenleser			
Kreditkartenaus-gabemodul			
Geldscheinerken-nungssensor			
Fahrschein-schneidmodul			

Aufgabe 16 Bilden Sie Sätze mit den Verben aus der 3. Spalte, wie z. B.:

Der Fahrgast gibt ein, wohin er fahren will.

Aufgabe 17 Vervollständigen Sie die Tabelle mit diesen Schritten:

a) **Schreiben Sie den Artikel zum Kompositum.**

b) **Formulieren Sie umgangssprachlich, was das Wort bedeutet.**

c) **Notieren Sie eine zum Begriff passende Situation.**

In der 2. Zeile sehen Sie ein Modell!

Kompositum	umgangssprachlich	Situation – Beispiel
das Wechselgeld	das Geld, das man zurückbe-kommt/das man rauskriegt	Man zahlt mit einem 5€-Schein; der Fahrschein kostet 2,40€. Das Wechselgeld beträgt genau 2,60€.
____ Fahrziel		
____ Tarifbereich		

_____Preisinformation		
_____ Kreditkarte		
_____ Münzprüfung		
_____ Fahrgast		
_____ Gesamtfunktion		

Aufgabe 18 a) Sammeln Sie Komposita mit dem Bestimmungswort „Münze".
b) Bilden Sie Passivsätze mit diesen Begriffen. Sie können dabei folgende Verben verwenden:
prüfen, wiegen, bestehen aus, sich befinden in, speichern, sortieren

Modell: Begriff „Münzgewicht".
Passivsatz: Bei der Kontrolle des Münzgewichts wird geprüft, wie schwer die Münze ist.

Fokus Sprache 40: Fachsprachliches Stilmerkmal II – unpersönliche Sätze

In den technischen Fachsprachen werden meist persönlich formulierte Sätze vermieden; stattdessen bevorzugt man *unpersönliche Sätze*. In *persönlichen Sätzen* wird eine Person genannt und dementsprechend die 1., 2. und 3. Person Singular oder Plural verwendet, während in fachsprachlichen Texten meist nur die 3. Person Singular gebraucht wird. Dafür ist der Einsatz von Nomina besonders häufig, ferner Nominalisierungen, man-Sätze, „es" als Subjekt und Passivkonstruktionen.

Beispiel:
* Persönliche Form: Ich will nach München fahren.
* Unpersönliche Form: Mein Fahrziel ist München.

Aufgabe 19   Formulieren Sie die persönlichen Aussagen in unpersönliche Sätze um.

persönlich	unpersönlich
Wir wollen zum Hauptbahnhof.	
Ich habe 4 € eingegeben und bekomme 1,30 zurück.	
In Berlin brauchst du von der City bis zum Flughafen BER ein A,B,C-Ticket	
Wenn ich „Kurzstrecke" eintippe, zeigt der Automat, was die kostet.	

Fokus Sprache 41: Grammatikwiederholung – Präpositionen bei verkürzten Sätzen

Wenn Aussagen zu Nominalkonstruktionen verkürzt werden, muss man unbedingt die richtigen Präpositionen verwenden, sonst wird die Aussage falsch.

Beispiel: *Wer informiert wen?*

a) Preisinformation **an Fahrgast** – b) Fahrscheinwahl **durch Fahrgast**

Bei a) bekommt der Fahrgast die Information, die Info richtet sich an den Fahrgast.

Bei b) wählt der Fahrgast das Ticket, das er haben will, also bekommt die Maschine die Info vom Fahrgast.

Aufgabe 20   Setzen Sie verkürzte nominale Aussagen mit der richtigen Präposition ein.

verbal	nominal
Der Fahrgast informiert die Maschine über sein Fahrziel.	_____
	_____ den Fahrgast.

Die Maschine informiert den Fahrgast, wieviel sein Ticket kostet.	_____ _____ den Fahrgast
Die Maschine erhält als Input die Info, für welchen Tarifbereich der Fahrschein gelten soll.	_____ _____ den Fahrgast
Als Output gibt die Maschine dem Fahrgast sein Ticket und sein Wechselgeld.	_____ _____ den Fahrgast
Erst wenn der Fahrgast die nötigen Info-Inputs (wohin? Welcher Tarif?) gegeben und bezahlt hat, bekommt er seinen Fahrschein.	Ausgabe eines Tickets erst _____ _____ Info-_____ und _____

Zum Aufbau mechatronischer Systeme

Aufgabe 21: Beantworten Sie die Fragen, nachdem Sie die Beschreibung als Text gelesen und das Blockschaltbild (Abb. 7) betrachtet haben.

Beschreibung als Text:

Mechatronische Systeme haben eine mechanische Grundstruktur, die je nach geforderter Funktionalität – gekennzeichnet durch Eingangsgrößen und Ausgangsgrößen – mit mechanischen, elektronischen, magnetischen, thermischen, optischen und weiteren funktionell erforderlichen Bauelementen verknüpft ist.

Sensoren ermitteln funktionsrelevante Messgrößen und führen sie, umgewandelt in elektrische Führungsgrößen, Prozessoren zu. Die Prozessoren erzeugen zusammen mit Aktoren Stellgrößen für die Regelung oder Steuerung zur Optimierung der Funktionalität des Systems.
Czichos 2019:27

Der Fahrscheinautomat stellt ein Beispiel für ein System der mechatronischen Gerätetechnik dar, das sämtliche Merkmale mechatronischer Systeme gerätetechnisch konkretisiert: Mechanik – Elektronik – Informatik – Optik + Sensorik – Prozessorik – Aktorik + Information – Stoff – Energiefluss.
Czichos 2019:233

Darstellung als Blockschaltbild:

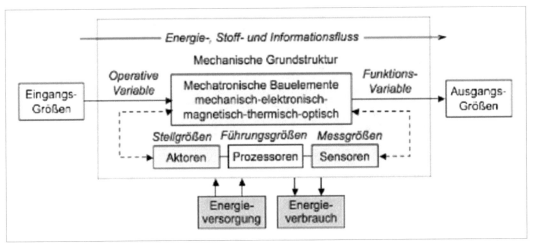

Abb. 7: Übersicht über den grundsätzlichen Aufbau mechatronischer Systeme. © Czichos 2019:28

Fragen:

1. Welche englischen Termini entsprechen den deutschen Begriffen „Eingangsgröße" und „Ausgangsgröße"?
2. Nennen Sie die physikalischen Teilgebiete, mit denen mechatronische Bauelemente verbunden sein können.
3. Mit welchem Synonym könnte man die Wendung „etwas ist funktionell erforderlich" sinnvoll wiedergeben?
4. Was tun Sensoren?
5. Was tun Prozessoren und Aktoren?
6. Was ist der Unterschied von operativen Variablen und Funktionsvariablen?

Aufgabe 22: Betrachten Sie noch einmal das mechatronische Schema „Fahrscheinautomat" (Abb. 5) und diskutieren Sie, welche Komponenten mit welchen mechatronischen Teilgebieten zu tun haben.

Aufgabe 23: Unterstreichen Sie im folgenden Kurztext das deutsche Wort für feed-back.

Blockschaltbild und Schaltplan

Bei den Abbildungen 5 und 6 handelt es sich um sog. *Blockschaltbilder*, d. h. um die grafische Darstellung der Wirkungen von mehreren Bauteilen oder Gruppen, die zueinander in Wechselwirkung stehen. Im Gegensatz zu einem elektrischen *Schaltplan* werden aber nicht konkrete Verbindungen zwischen konkreten Bauteilen dargestellt, sondern die Wirkungen zwischen den als Blöcken gezeichneten Funktionseinheiten.

Aufgabe 24: Sehen Sie sich nochmal die „Wortwolke" am Anfang dieses Kapitels an. Gibt es noch unbekannte Wörter?

7.2.2 Zum Einsatz von Mechatronik in der Fahrzeugtechnik

Bei Anwendungen der Mechatronik in der Fahrzeugtechnik muss die mechatronische Technik im Zusammenwirken mit Mensch und Umwelt gesehen werden. Daher ist in der Fahrdynamik das Fahrverhalten eines Kraftfahrzeugs allgemein als das Gesamtverhalten des Systems *Fahrer – Fahrzeug – Umwelt* definiert. Der Fahrer als Operator dieses „virtuellen Regelkreises" beurteilt aufgrund seiner subjektiven Eindrücke die Güte des Fahrverhaltens. Das Fahrzeug muss die vom Fahrer vorgegebene Soll-Bewegungsfunktion technisch umsetzen, indem es die dafür erforderliche *Fahrdynamik* ermöglicht. Zur Optimierung der Fahrdynamik werden heute computerunterstützte Modellierungs- und Simulationsmethoden eingesetzt. Die elementaren Funktionen des mechatronischen Systems Kraftfahrzeug als Teil dieses „virtuellen Regelkreises" lassen sich so darstellen:

- Fahren
- Lenken
- Bremsen
- Beleuchten
- Tasten.

Nach Czichos 2019:269

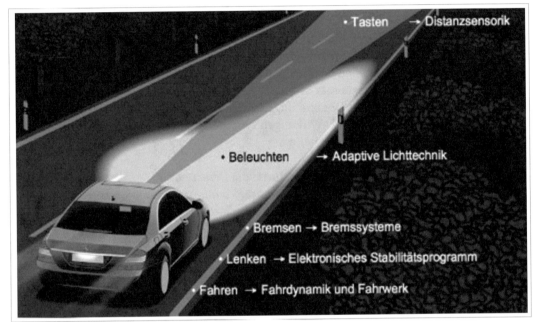

Abb. 8: Bildhafte Darstellung der elementaren Funktionen des Gesamtsystems Fahrer-Fahrzeug-Umwelt © Czichos 2019:270

Aufgabe 25: **In welchen Bereichen können mechatronische Systeme zum Einsatz kommen? Welche kennen Sie?**

Aufgabe 26: **Vergleichen Sie die beiden Darstellungen (Abb. 7 und Abb. 8) des Gesamtsystems Fahrer-Fahrzeug-Umwelt. Worin liegen die Gemeinsamkeiten und Unterschiede?**

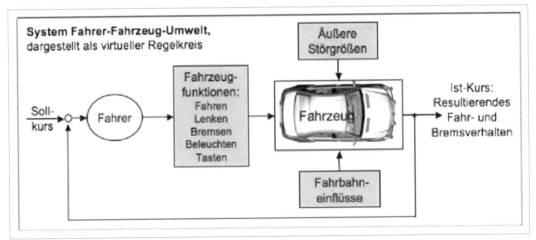

Abb. 9: Das Gesamtsystems Fahrer-Fahrzeug-Umwelt als Schema © Czichos 2019:270

7.2.3 Das Beispiel Distanzsensorik

Beim Fahren unterstützen mechatronische Systeme einerseits die Fahrdynamik, also verschiedene Bewegungsarten (Geradeausfahrt, Kurvenfahrt), andererseits optimieren sie Federung und Dämpfung. Beim Lenken geht es vorrangig um Stabilität. Beim Bremsen, also der kontrollierten Verringerung der Geschwindigkeit bis zum Stillstand, müssen Probleme der Reibung im Zusammenhang des tribologischen Systems Reifen/Straße gelöst und Blockierungen verhindert werden. Systeme der adaptiven Lichttechnik regeln statisch und dynamisch die Leuchtweite und passen die Beleuchtung der Fahrtrichtung an.

Der Bereich „Tasten" betrifft die Ermittlung der Distanz des Fahrzeugs zu potenziellen Hindernissen.

Aufgabe 27:   a) Was fällt Ihnen zuerst auf, wenn Sie das Bild sehen?

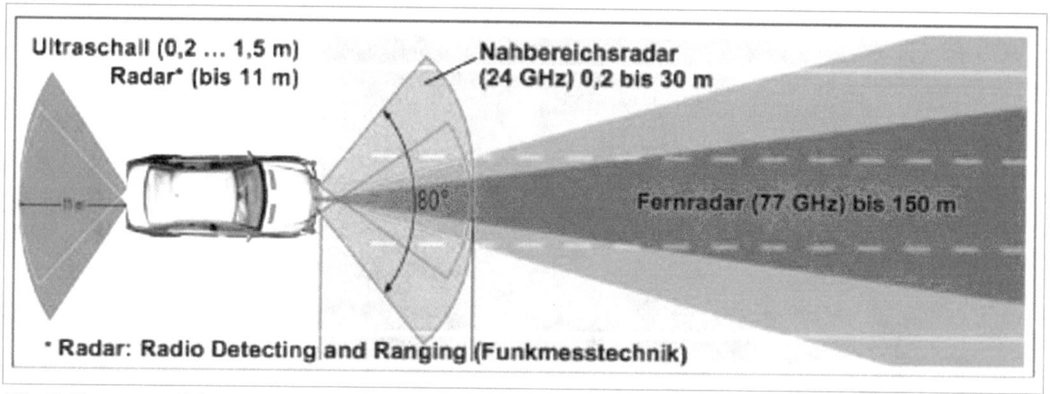

Abb. 10: Distanzsensorik für die Fahrzeugtechnik. © Czichos 2019:284

b) Nennen Sie weitere Wörter für den Begriff „Distanz"

Mit dem Begriff „Distanzsensorik" wird die dynamische Abstandsbestimmung beim Vorwärts- oder Rückwärtsfahren von Fahrzeugen, die durch unterschiedliche Sensorsysteme erfolgt, zusammengefasst. Die Umgebung des Fahrzeugs wird bei der Vorwärts- und Rückwärtsfahrt mit verschiedenen Sensoren abgetastet, um Hindernisse rechtzeitig zu erkennen.

- Tastfunktion Rückwärts: Sensorik-Einparksysteme mit Ultraschall (20 – 150 cm) oder Radar (bis 11 m) Reichweite

- Tastfunktion Vorwärts: Sensorik zur Abstandserfassung und Erkennung von Hindernissen: Nahbereichsradar (24 GHz) 0,2 – 30 m; Fernradar (77 GHz) bis 150 m.

Aufgabe 28   Geben Sie exakt an, bis zu welcher Reichweite mit welchen Sensorsystemen der Abstand zu Hindernissen abgetastet und somit ermittelt werden kann.

Ultraschall-Distanzsensoren

Für die Rückwärts-Tastfunktion können mit Ultraschallsensoren Hindernisse erkannt und durch optische oder akustische Mittel zur Anzeige gebracht werden. Die Abbildung 10 erläutert das Funktionsprinzip mit der zweidimensionalen Richtcharakteristik und zeigt das Blockschaltbild des Sensorsystems.
Czichos 2019: 284–285

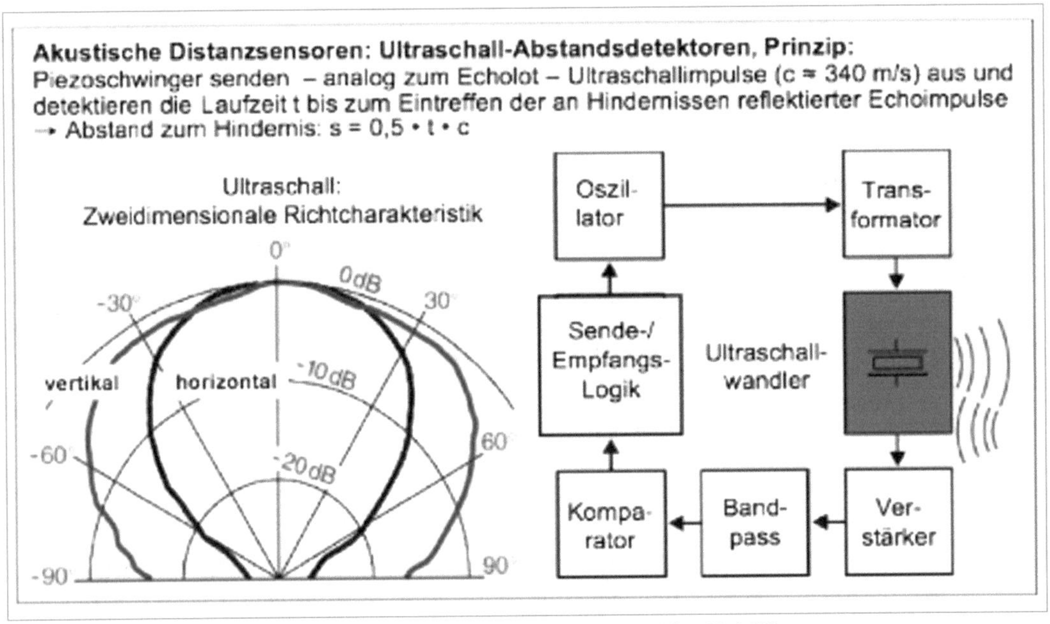

Akustische Distanzsensoren: Ultraschall-Abstandsdetektoren, Prinzip:
Piezoschwinger senden – analog zum Echolot – Ultraschallimpulse (c ≈ 340 m/s) aus und detektieren die Laufzeit t bis zum Eintreffen der an Hindernissen reflektierter Echoimpulse
→ Abstand zum Hindernis: $s = 0{,}5 \cdot t \cdot c$

Abb. 11: Funktionsprinzip und Blockschaltbild von Ultraschall-Distanzsensoren. © Czichos 2019:285

Aufgabe 29   a) Beschreiben Sie das Prinzip von Ultraschall-Abstandsdetektoren mit Hilfe der Grafik und der angegebenen Stichwörter bzw. Zahlenangaben.

b) Was signalisieren die Angaben von –10 dB bzw. –20 dB in diesem Kontext?

Aufgabe 30   a) Kreuzen Sie an, welche Bedeutungen zu dem Verb detektieren passen:

ermitteln melden protokollieren aussenden regeln berechnen

b) Sammeln Sie verwandte Wörter zum Verb detektieren

Aufgabe 31   Wandeln Sie folgende nominale Ausdrücke in Relativsätze um:
- das Eintreffen der an Hindernissen reflektierten Echoimpulse
- die Formel zur Berechnung des Abstands zum Hindernis
- die für Ultraschallimpulse verwendete Einheit c

Aufgabe 32   a) Sammeln Sie Verben, die Sie bei der Erklärung von Abbildung 11 benützen können.

b) Erklären Sie dann das Blockschaltbild.

Radar-Distanzsensoren

Für die Vorwärts-Tastfunktion werden Radar-Sensoren in dem Adaptive Cruise Control System (ACC) verwendet. Mit diesen weit reichenden Distanzsensoren ist die automatische Erkennung von Fahrzeugen, die in der Fahrspur vorausfahren und eventuell ein Abbremsen erfordern, möglich, siehe Abb. 11.

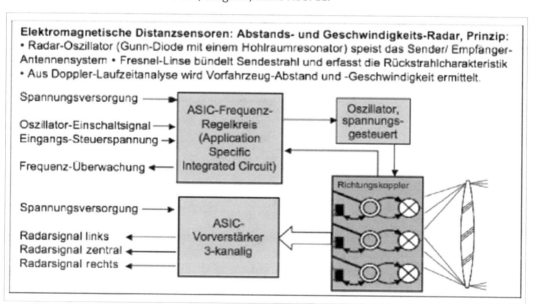

Elektromagnetische Distanzsensoren: Abstands- und Geschwindigkeits-Radar, Prinzip:
• Radar-Oszillator (Gunn-Diode mit einem Hohlraumresonator) speist das Sender/ Empfänger-Antennensystem • Fresnel-Linse bündelt Sendestrahl und erfasst die Rückstrahlcharakteristik
• Aus Doppler-Laufzeitanalyse wird Vorfahrzeug-Abstand und -Geschwindigkeit ermittelt.

Spannungsversorgung

Oszillator-Einschaltsignal

Eingangs-Steuerspannung

Frequenz-Überwachung

ASIC-Frequenz-Regelkreis (Application Specific Integrated Circuit)

Oszillator, spannungsgesteuert

Richtungskoppler

Spannungsversorgung

Radarsignal links

Radarsignal zentral

Radarsignal rechts

ASIC-Vorverstärker 3-kanalig

Abb. 12: Funktionsprinzip und Blockschaltbild von Radar- bzw. elektromagnetischen Distanzsensoren. © Czichos 2019:285

Fokus Sprache 42: Präzise Präpositionen bei verkürzten Sätzen

Um komplexe Komposita eindeutiger und verständlicher zu machen, werden sie häufig mit einem Gedankenstrich (Symbol: –) voneinander abgetrennt. Es gibt dafür keine verbindlichen orthografischen Regeln; sie können z. B. in Texten sowohl die Schreibweise „Frequenz-Regelkreis" als auch „Frequenzregelkreis" finden. Gerne benützt man die Schreibweise mit Gedankenstrich bei der Kombination mit Eigennamen, wie z. B. Gunn-Diode, Fresnel-Linse oder Doppler-Laufzeitanalyse; aber Sie können in der Fachliteratur ebenso Röntgenstrahlen wie auch Röntgen-Strahlen lesen.

Unklarheiten entstehen nur dann, wenn durch die Kompositabildung lokale und temporale Relationen „verschluckt" werden, die man normalerweise mit sprachlichen Mitteln wie Präpositionen oder dem Kasus angibt, wie z. B. Vorfahrzeug-Abstand.

Aufgabe 33   Präzisieren Sie – was passt? Was passt nicht?

Vorfahrzeug-Abstand		der Abstand zum Fahrzeug davor
		der Abstand zwischen dem eigenen und dem Fahrzeug davor
		der Abstand des Fahrzeugs, das vor einem fährt, zu einem weiteren Objekt
Vorfahrzeug-Geschwindigkeit		die Geschwindigkeit des Fahrzeugs, das vor einem fährt
		die Geschwindigkeit, mit der ein anderes Fahrzeug vorher gefahren ist
		die Geschwindigkeit, mit der das Fahrzeug vor dem eigenen fährt

Aufgabe 34   Recherchieren Sie weitere Assistenzsysteme in Fahrzeugen und stellen Sie diese vor.

Aufgabe 35   Diskutieren Sie: Welche Assistenzsysteme wären in einem Fahrrad vorteilhaft?
Warum gibt es dort noch keine?

Literatur

- Czichos, Horst (2019): Mechatronik. Grundlagen und Anwendungen technischer Systeme. Springer Vieweg Fachmedien. 4. Aufl. Wiesbaden

Anhang

Literaturverzeichnis

- Bach, Ewald; Maier, Ulrich; Dr. Mattheus, Bernd; Wieneke, Falko (2015): *Kraft- und Arbeitsmaschinen*. Verlag EUROPA-LEHRMITTEL. Vollmer GmbH & Co. KG, 16., völlig überarbeitete Auflage. Europa-Lehrmittel Nr. 10412. Haan-Gruiten
- Böge, Alfred; Böge, Wolfgang (Hg.) (2017): *Handbuch Maschinenbau. Grundlagen und Anwendungen der Maschinenbau-Technik*. 23. Aufl. Springer Vieweg. Berlin Heidelberg
- Czichos, Horst (2019): *Mechatronik. Grundlagen und Anwendungen technischer Systeme*. 4., überarbeitete und erweiterte Auflage. Springer Vieweg. Wiesbaden
- Fandrych, Christian; Tallowitz, Ulrike (2008): *Klipp und Klar. Übungsgrammatik Grundstufe A1–B1*. Ernst Klett Sprachen. Stuttgart
- Götz, Dieter; Haensch, Günther; Wellmann, Hans (Hg.) (1997): *Langenscheidts Großwörterbuch Deutsch als Fremdsprache*. Berlin München
- Helbig, Gerhard; Buscha, Joachim (1994): *Deutsche Grammatik. Ein Handbuch für den Ausländerunterricht*. 16. Aufl., Langenscheidt Verlag Enzyklopädie. Leipzig, Berlin, München, Wien, Zürich, New York
- Hüttl R.F. et al. (2010): *Elektromobilität – Potenziale und Wirtschaftlich-Technische Herausforderungen*. Springer Verlag. Berlin
- Götz, Dieter u.a. Langenscheidt-Redaktion (Hg.) (1997): *Langenscheidts Großwörterbuch Deutsch als Fremdsprache*. Berlin München
- Gross, Dietmar; Hauger, Werner; Schröder, Jörg; Wall, Wolfgang A. (2016): *Technische Mechanik 1, Statik*. 13. Auflage. Springer Vieweg. Berlin Heidelberg
- Kautz, Christian; Brose, Andrea; Hoffmann, Norbert (2018): *Tutorien zur Technischen Mechanik. Arbeitsmaterialien für das Lehren und Lernen in den Ingenieurwissenschaften*. Springer Vieweg. Berlin Heidelberg
- Labisch, Susanna; Wählisch, Georg (2020): *Technisches Zeichnen. Eigenständig lernen und effektiv üben*. 6., aktualisierte Auflage. Springer Vieweg. Wiesbaden
- Reif, Konrad (Hg.) (2017): *Grundlagen Fahrzeug- und Motorentechnik. Konventioneller Antrieb, Hybridantriebe, Bremsen, Elektrik und Elektronik*. Springer Vieweg. Berlin Heidelberg
- Roloff/Matek (2019): *Maschinenelemente. Normung, Berechnung, Gestaltung*. 24. Auflage. Springer Vieweg. Wiesbaden

© Springer Fachmedien Wiesbaden GmbH, ein Teil von Springer Nature 2021
M. Steinmetz und H. Dintera, *Deutsch im Maschinenbau*,
https://doi.org/10.1007/978-3-658-35983-6

- Skolaut, Werner (Hg.) (2014): *Maschinenbau. Ein Lehrbuch für das ganze Bachelor-Studium.* Springer Vieweg. Berlin Heidelberg
- Wahrig, Gerhard (Hg.) (1982): *Der kleine Wahrig. Wörterbuch der deutschen Sprache.* Mosaik-Verlag. München
- Wegner, Norbert; Feldmann, Tanja; Sommer, Daniela (1997): *Kraft- und Arbeitsmaschinen. Die Technik und ihre sprachliche Darstellung.* Georg Olms Verlag. Hildesheim Zürich New York
- Zettl, Erich (1979): *Aus moderner Technik und Naturwissenschaft: ein Leseheft für Ausländer.* Max Hueber Verlag. München.
- Zettl, Erich; Janssen, Jörg; Müller, Heidrun; Moser, Bernd (2002): *Aus moderner Technik und Naturwissenschaft. Neubearbeitung: Ein Lese- und Übungsbuch für Deutsch als Fremdsprache (Deutsch).* -Neubearbeitung (Hueber) München

- *Interne Materialien* von Prof. Manfred Paasch, Beuth-Hochschule Berlin (dafür geht unser besonderer Dank an ihn)

Links

- Benedikt Hofmann: Industrie 4.0 verständlich erklärt. 2.10.2018, www. maschinenmarkt.vogel.de (Zuletzt aufgerufen am 16.4.2021)
- Blue Engineering TUB: http://blue-eng.km.tu-berlin.de/wiki/Arten_von_Elektromotoren#cite_note-8 (zuletzt aufgerufen am 23.2.2021)
- https://blog.vdi.de/2016/12/maschinenbauingenieur/ (Zuletzt aufgerufen am 16.4.2021)
- https://www.bitkom.org/Themen/Technologien-Software/3D-Druck/Einsatzbereiche.html (zuletzt aufgerufen am 30.4.2021)
- https://www.cng-mobility.ch/die-verschiedenen-antriebstechnologien-im-vergleich/ (zuletzt aufgerufen am 23.2.2021)
- https://www.fraunhofer.de/de/forschung/forschungsfelder/produktiondienstleistung/industrie-4-0.html, Datum: 19.06.2018 (Zuletzt aufgerufen am 10.6.2019)
- https://www.ingenieurwesen-studieren.de/beruf-maschinenbauingenieur/ (Zuletzt aufgerufen am 16.4.2021)
- https://www.iph-hannover.de/de/dienstleistungen/fertigungsverfahren/uebersicht-fertigungsverfahren/ (zuletzt aufgerufen am 30.4.2021)
- https://www.iph-hannover.de/de/dienstleistungen/fertigungsverfahren/additive-fertigung/ (zuletzt aufgerufen am 30.4.2021)

- https://www.tu-ilmenau.de/studieninteressierte/fileadmin/Studieninteressierte/PDFs_zum_Download/Infoblaetter/Studieninfoblatt_Maschinenbau.pdf (Zuletzt aufgerufen am 16.4.2021)
- Klotz-Pressemitteilung_vg.pdf. (Zuletzt aufgerufen am 20.6.2018)
- Normen und Standards ganz einfach erklärt. 12.9.2017 – testxchange.webarchive (Zuletzt aufgerufen am 20.4.2021)
- www.bdi.eu, 15.04.2019/Bundesverband der Deutschen Industrie e.V. (Zuletzt aufgerufen am 16.4.2021)
- www.bildungsdoc.de (Zuletzt aufgerufen am 16.4.2021)
- www.duden 2020 (Zuletzt aufgerufen am 16.4.2021)
- www.industrie-wegweiser.de (Zuletzt aufgerufen am 16.4.2021)
- www.klotz.de (Zuletzt aufgerufen am 16.4.2021)
- www.maschinenbau-wissen.de/skript3/mechanik/statik (Zuletzt aufgerufen am 16.4.2021)
- www.sew-eurodrive.de/startseite.html (zuletzt aufgerufen am 23.2.2021)
- www.tu-ilmenau.de (Zuletzt aufgerufen am 16.4.2021)
- www.tu-ilmenau.de/studieninteressierte/studienangebot/bachelor/maschinenbau (Zuletzt aufgerufen am 16.4.2021)
- www.zeit.de/studienfuehrer (Zuletzt aufgerufen am 16.4.2021)

Liste „Fokus Sprache"

Kapitel 1: Wie wird man Maschinenbauingenieur*in?

Fokus Sprache 1: Nominalisierung
Fokus Sprache 2: Nominalisierung – Hinweise zur Systematik
Fokus Sprache 3: Grammatikwiederholung – Richtig fragen
Fokus Sprache 4: Komposita – eine Besonderheit der deutschen Sprache

Kapitel 2: Geschichte des Maschinenbaus

Fokus Sprache 5: Wortbildung 1 – Nominalisierung von Verben
Fokus Sprache 6: Wortbildung 2 – Nominalisierung von Verben
Fokus Sprache 7: Wortbildung 3 – Verwandte Nomina mit der Endung –er

Kapitel 3: Technische Mechanik

Fokus Sprache 8: Grammatikwiederholung – Partizip I und II
Fokus Sprache 9: Syntax – Satzmodelle für Gegensätze
Fokus Sprache 10: Wichtige Verben
Fokus Sprache 11: Wortbildung 4 – Nominalisierung von Verben
Fokus Sprache 12: Wortbildung 5 – Wortfeld „gleich"
Fokus Sprache 13: Wiederholung – Präpositionen
Fokus Sprache 14: Verkürzungen durch Präpositionalkonstruktionen

Kapitel 4: Normen und Maschinenelemente

Fokus Sprache 15: Grammatikwiederholung – Relativsätze
Fokus Sprache 16: Wiederholung – Verbalisierung von Formeln, Zahlen, Symbolen
Fokus Sprache 17: Sprachreflexion – Typischer Mix von Deutsch und Englisch
Fokus Sprache 18: Sprachliche Mittel zur Angabe von Funktionen

© Springer Fachmedien Wiesbaden GmbH, ein Teil von Springer Nature 2021
M. Steinmetz und H. Dintera, *Deutsch im Maschinenbau*,
https://doi.org/10.1007/978-3-658-35983-6

Kapitel Mechatronik

Bildquellen – Gesamtliste

Kapitel 1: Weg zum/zur Maschinenbau-Ingenieur*in

Titelfoto: Ingenieurin. Bildnachweis: monkeybusinessimages. (Mit freundlicher Genehmigung von © I-Stock Getty Images. Fotografie-ID:946236566 Standardlizenz. All Rights Reserved)

im Text:

Abb. 1: Nähmaschine (Mit freundlicher Genehmigung von © stock.adobe.com 2021 – rashadaliev. All Rights Reserved)

Abb. 2: Motorrad. (Mit freundlicher Genehmigung von © stock.adobe.com 2021 – Roman Dekan. All Rights Reserved)

Abb. 3: Flugzeug. (Mit freundlicher Genehmigung von © stock.adobe.com 2021 – Mechanik. All Rights Reserved)

Abb. 4: Waschmaschine. (Mit freundlicher Genehmigung von © stock.adobe.com 2021 – Tatiana Ol'shevskaya. All Rights Reserved)

Abb. 5: Im Studiengang Maschinenbau. (Mit freundlicher Genehmigung von © TU Ilmenau 2021. Foto: Michael Reichel. All Rights Reserved)

Abb. 6: Präsentation einer Drohne. (Mit freundlicher Genehmigung von © TU Ilmenau 2021. Foto: Michael Reichel. All Rights Reserved)

Abb. 7: Flyer zum Studiengang Maschinenbau. (Mit freundlicher Genehmigung von © TU Ilmenau 2021. All Rights Reserved)

Abb. 8: Studieninhalte – Angaben in %. Grafik: Heiner Dintera

Abb. 9: Der Humboldtbau auf dem Campus der TU Ilmenau. (Mit freundlicher Genehmigung von © TU Ilmenau 2021. Foto: Michael Reichel. All Rights Reserved)

Abb. 10-1: Michael Faraday, Ölbild von Thomas Phillips, 1842. Public domain

Abb. 10-2: Konrad Zuse Denkmal in Hünfeld. CC Creative Commons Attribution-Share Alike 3.0. Foto: Jörg M. Unger

Abb. 10-3: Joseph von Fraunhofer. Public domain

© Springer Fachmedien Wiesbaden GmbH, ein Teil von Springer Nature 2021
M. Steinmetz und H. Dintera, *Deutsch im Maschinenbau*,
https://doi.org/10.1007/978-3-658-35983-6

Abb. 10-4:   Marie Curie. Public domain

Abb. 10-5:   Wilhelm Konrad Röntgen. Extracted form Pioneers of
               Progress (1919). Autor: Unbekannt. Public domain

Abb. 10-6:   Isaac Newton. English School, Oil on canvas. 1715–20.
               Public domain

Abb. 10-7:   Lise Meitner12.crop2.JPG. Foto: Unbekannt. Public
               domain

Abb. 10-8:   Richard Feynman. CC Creative Commons Attribution-
               Share Alike 4.0.

Anm.:   Abb. 10 (1 – 8): Alle Fotos, Bilder (wie auch die Kurzbio-
               graphien) wurden vom Autor für ein Unterrichts-Quiz
               zusammengestellt. Die Bilder stammen aus Wikimedia
               Commons und sind als gemeinfrei gekennzeichnet.

Kapitel 2: Geschichte des Maschinenbaus

Titelfoto: Alte Dampf-Maschine. (Mit freundlicher Genehmigung
               von Pixabay 2021. Bild: Gordon Johnson. Freie kommer-
               zielle Nutzung. All Rights Reserved)

im Text:

Abb. 1:   Junge Designerin im 3D-Labor (Young women designer
               in 3d printing lab) (Mit freundlicher Genehmigung von
               © Adobe Stocks 2021. Foto: luchschenF. All Rights Reser-
               ved)

Abb. 2:   Windmühle (Molino de viento para moler harina en el
               valle de ocón en la Rioja) (Mit freundlicher Genehmi-
               gung von © Adobe Stocks 2021. Foto: Ruten. All Rights
               Reserved)

Abb. 3:   Faustkeil in fester Hand eines Armes. (Mit freundlicher
               Genehmigung von © Adobe Stocks 2021. Foto:
               Andy Ilmberger. All Rights Reserved)

Abb. 4:   Mittelalterliches Helicopter-Modell (Mediaeval helicop-
               ter model color sketch engraving vector illustration.
               Scratch board style imitation. Hand drawn image) (Mit
               freundlicher Genehmigung von © Adobe Stocks 2021.
               By Alexander Pokusay. All Rights Reserved)

Abb. 5:   Flaschenzug. (Mit freundlicher Genehmigung von © CC
               BY-SA 3.0. File: Polipasto4.jpg CR. All Rights Reserved)

Abb. 6:	Alte Dampfmaschine (Vintage steam engine isolated on white) (Mit freundlicher Genehmigung von © Adobe Stocks 2021. Foto: MartinBergsma. All Rights Reserved)
Abb. 7:	Steinernes Rad (Stone wheel isolated on white background 3d rendering) (Mit freundlicher Genehmigung von © Adobe Stocks 2021. Foto: koya 979. All Rights Reserved)
Abb. 8:	Altes Auto (Antique Car) (Mit freundlicher Genehmigung von © Adobe Stocks 2021. Foto: Rob Byron. All Rights Reserved)
Abb. 9:	Dampfmaschinenindustrie 1880 (Industry – Machines – Steam. Date 1880) (Mit freundlicher Genehmigung von © Adobe Stocks 2021. Von Archivist. All Rights Reserved)
Abb. 10:	Fließband bei Ford 1929 (Ford Assembly Line 1929) (Mit freundlicher Genehmigung von © Adobe Stocks 2021. Von Archivist. All Rights Reserved)
Abb. 11:	PC Apple (Apple Fat Mac) (Mit freundlicher Genehmigung von © CC BY 2.0. By Accretion Disc. All Rights Reserved)
Abb. 12:	KI-Industrie (Artificial intelligence Industry) 4.0 (Mit freundlicher Genehmigung von © Adobe Stocks 2021. Von Ico Maker. All Rights Reserved)
Abb. 13:	3 Winkel. Grafik: Robert Haselbacher
Abb. 14:	Gründer Peter Klotz (Mit freundlicher Genehmigung von © Peter Klotz 2021. All Rights Reserved)
Anm.:	(Abb. 1 – 12: Originaltitel in Klammern)

Kapitel 3: Technische Mechanik

Titelfoto:	Technische Zeichnung. (Mit freundlicher Genehmigung von © I-Stock ID: 508 756 373 2021. All Rights Reserved)

im Text:

Abb.1:	Gewichtskraft und Druckkraft. Grafik: Robert Haselbacher
Abb.2:	Kraftvektoren. (Aus Gross et al 2016:8; mit freundlicher Genehmigung von © Springer-Verlag GmbH Deutschland 2016. All Rights Reserved)
Abb. 3:	Kraftvektoren. Grafik: Robert Haselbacher

Kapitel 4: Maschinenelemente

Titelfoto: Drill – Bohrer Fräser. (Mit freundlicher Genehmigung von Pixabay 2021. Foto: Michael Schwarzenberger. Freie kommerzielle Nutzung. All Rights Reserved)

im Text:

Abb. 1: Normierung von Längenmaßen. (Mit freundlicher Genehmigung von © testxchange.webarchive 2021. All Rights Reserved)

Abb. 2: Logos von Normungsorganisationen. (Mit freundlicher Genehmigung von © testxchange.webarchive 2021. All Rights Reserved)

Abb. 3: Beispiele mikromechanischer Zahnräder und Getriebe (Rasterelektronenmikroskopie, 100-μm-Maßstab) im Vergleich zu den Skizzen Leonardo da Vincis. (Aus Czichos 2019:186; mit freundlicher Genehmigung von © Springer Fachmedien Wiesbaden GmbH 2019. All Rights Reserved).

Abb. 4: Historische Darstellung der klassischen Mechanismen von Maschinen. (Aus Czichos 2019:186; mit freundlicher Genehmigung von © Springer Fachmedien Wiesbaden GmbH 2019. All Rights Reserved).

Abb. 5: Tribologische Systeme des Maschinenbaus und ihre gemeinsamen Kennzeichen: Systemstruktur, Systemfunktion, tribologische Beanspruchung, Reibung und Verschleiß. (Aus Czichos 2019:190; mit freundlicher Genehmigung von © Springer Fachmedien Wiesbaden GmbH 2019. All Rights Reserved).

Abb. 6: Grundformen einiger gebräuchlicher Gewinde. (Aus Roloff/Matek 2019:242; mit freundlicher Genehmigung von © Springer Fachmedien Wiesbaden GmbH 2019. All Rights Reserved)

Abb. 7: Metrisches Gewinde u. Feingewinde. (Aus Labisch/Wählisch 2020:173; mit freundlicher Genehmigung von © Springer Fachmedien Wiesbaden GmbH 2020. All Rights Reserved)

Abb. 8: Metrisches ISO-Gewinde: wichtige Abmessungen des theoretischen Profils nach DIN 13-1. (Aus Labisch/Wählisch 2020:172; mit freundlicher Genehmigung von © Springer Fachmedien Wiesbaden GmbH 2020. All Rights Reserved)

Abb. 19:	Verschiedene Wälzlager. (Aus Labisch/Wählisch 2020:235/236; mit freundlicher Genehmigung von © Springer Fachmedien Wiesbaden GmbH 2020. All Rights Reserved)
Abb. 20:	Bauarten der Zahnradgetriebe. (Aus Labisch/Wählisch 2020:259; mit freundlicher Genehmigung von © Springer Fachmedien Wiesbaden GmbH 2020. All Rights Reserved)
Abb. 21:	Größen und Bezeichnungen am Zahnrad (Ausschnitt) Modul und Zähnezahl sind nicht eingezeichnet. Aus Labisch/Wählisch 2020:260; mit freundlicher Genehmigung von © Springer Fachmedien Wiesbaden GmbH 2020. All Rights Reserved)

Kapitel 5: Antriebstechnik

| Titelfoto: | Turbine schwarz. (Mit freundlicher Genehmigung von © I-Stock ID: 100 410 825 2/Zeichnung: Clint Walker 2021. All Rights Reserved) |

im Text:

Abb. 1:	Ein Arbeitsspiel des Viertakt-Ottomotors. (Aus Reif 2017:118; mit freundlicher Genehmigung von © Springer Fachmedien GmbH Wiesbaden 2017. All Rights Reserved)
Abb. 2:	Ein Arbeitsspiel beim Viertakt-Dieselmotor. (Aus Reif 2017:27; mit freundlicher Genehmigung von © Springer Fachmedien GmbH Wiesbaden 2017. All Rights Reserved)
Abb. 3:	Arbeitsspiel eines Viertakt-Dieselmotors. (Aus Reif 2017:27; mit freundlicher Genehmigung von © Springer Fachmedien GmbH Wiesbaden 2017. All Rights Reserved)
Abb. 4:	Motorgehäuse mit Stator. (Mit freundlicher Genehmigung von © sew.eurodrive 2021. All Rights Reserved)
Abb. 5:	Schnittmodell eines Motors. (Mit freundlicher Genehmigung von © sew.eurodrive 2021. All Rights Reserved)
Abb. 6:	Funktionsweise eines Gleichstrommotors. (Adaptiert nach Hüttl et al. 2010; mit freundlicher Genehmigung von © Blue-Engineering TUB 2010. All Rights Reserved)
Abb. 7:	Aufbau einer Asynchronmaschine. (Mit freundlicher Genehmigung von © Blue-Engineering TUB 2021. All Rights Reserved)

Abb. 8: Funktionsprinzip der Brennstoffzelle. (Mit freundlicher Genehmigung von Europa-Lehrmittel GmbH. Aus: © Kraft- und Arbeitsmaschinen, 16. Auflage 2015, Bach et al. S. 103, Verlag Europa-Lehrmittel. All Rights Reserved)

Abb. 9: VW: (Mit freundlicher Genehmigung von © Wikimedia CC BY-SA 2.0, Foto: Allie_Caulfield. All Rights Reserved)

Abb. 10: Tesla: (Mit freundlicher Genehmigung von © Wikimedia CC BY-SA 4.0, Foto: Vauxford. All Rights Reserved)

Abb. 11: Hyundai: (Mit freundlicher Genehmigung von © Wikimedia CC BY-SA 4.0, Foto: Y. Leclercq. All Rights Reserved)

Abb. 12: Turbostrahltriebwerk mit Nachverbrennung und Schubumkehreinrichtung. (Mit freundlicher Genehmigung von Europa-Lehrmittel GmbH. Aus: © Kraft- und Arbeitsmaschinen, 16. Auflage 2015, Bach et al. S. 171, Verlag Europa-Lehrmittel. All Rights Reserved)

Abb. 13: Schnitt durch ein Turbostrahltriebwerk. (Mit freundlicher Genehmigung von Europa-Lehrmittel GmbH. Aus: © Kraft- und Arbeitsmaschinen, 16. Auflage 2015, Bach et al. S. 170, Verlag Europa-Lehrmittel. All Rights Reserved)

Abb. 14: Airbus A 350-900 (Mit freundlicher Genehmigung von © Gyrostat, Wikimedia CC-BY-SA 4. All Rights Reserved)

Abb. 15: Boeing 787-9 (Mit freundlicher Genehmigung von © Altair 78, Wikimedia CC-BY-SA 4.0. All Rights Reserved)

Kapitel 6: Fertigungstechnik

Titelfoto: 3-D-Drucker. (Mit freundlicher Genehmigung von Pixabay 2021. Bild: ZMorphD. Freie kommerzielle Nutzung. All Rights Reserved)

im Text:

Abb. 1: Schnell drehende Töpferscheibe mit Fußantrieb. (Mit freundlicher Genehmigung von © Wkimedia Foundation 2020. Potter_Wheel_Male_(PSF).png. Foto: Pearson Scott Foresman. Gemeinfrei. All Rights Reserved)

Abb. 15:   Verschiedene Materialien und Farben; bewegliche
             Modelle. Bei der Kette wurde die Stützstruktur teilweise
             durch Auswaschen entfernt. (Mit freundlicher Geneh-
             migung von © Prof. Paasch 2021. All Rights Reserved)

Kapitel 7: Mechatronik

Titelfoto: Roboterhand – Skizzen. (Mit freundlicher Geneh-
             migung/Standardlizenz von I-Stock Getty Images ©
             I-Stock-
             Fotografie-ID: 1208006734/ Hochgeladen am:20. März
             2020. Bildnachweis: sdecoret. All Rights Reserved)
im Text:
Abb. 1:   Konzentrische Kreise. Grafik: Robert Haselbacher
Abb. 2:   Dimensionsbereiche der Mechatronik in der heutigen
             Technik: Makrotechnik, Mikrotechnik, Nanotechnik.
             (Aus Czichos 2019:4; mit freundlicher Genehmigung
             von © Springer Fachmedien Wiesbaden GmbH 2019. All
             Rights Reserved)
Abb. 3:   Industrieroboter als Beispiel eines technischen Sys-
             tems. (Aus Czichos 2019:11; mit freundlicher Geneh-
             migung von © Springer Fachmedien Wiesbaden GmbH
             2019. All Rights Reserved)
Abb. 4:   Leittechnik:Prozessführung technischer Systeme durch
             den Menschen. (Aus Czichos 2019:57; mit freundlicher
             Genehmigung von © Springer Fachmedien Wiesbaden
             GmbH 2019. All Rights Reserved)
Abb. 5:   Fahrscheinautomat von außen. © Pixabay Foto:
             Wolfgang Eckert
Abb. 6:   Mechatronisches Schema eines Fahrscheinautomaten.
             (Aus Czichos 2019:234; mit freundlicher Genehmigung
             von © Springer Fachmedien Wiesbaden GmbH 2019. All
             Rights Reserved)
Abb. 7:   Übersicht über den grundsätzlichen Aufbau mechatro-
             nischer Systeme. (Aus Czichos 2019:28; mit freundlicher
             Genehmigung von © Springer Fachmedien Wiesbaden
             GmbH 2019. All Rights Reserved)
Abb. 8:   Bildhafte Darstellung der elementaren Funktionen des
             Gesamtsystems Fahrer-Fahrzeug-Umwelt. (Aus Czichos
             2019:270; mit freundlicher Genehmigung von © Sprin-
             ger Fachmedien Wiesbaden GmbH 2019. All Rights
             Reserved)

Abb. 9:   Das Gesamtsystems Fahrer-Fahrzeug-Umwelt als Schema. (Aus Czichos 2019:270; mit freundlicher Genehmigung von © Springer Fachmedien Wiesbaden GmbH 2019. All Rights Reserved)

Abb. 10:   Distanzsensorik für die Fahrzeugtechnik. (Aus Czichos 2019:284; mit freundlicher Genehmigung von © Springer Fachmedien Wiesbaden GmbH 2019. All Rights Reserved)

Abb. 11:   Funktionsprinzip und Blockschaltbild von Ultraschall-Distanzsensoren. (Aus Czichos 2019:285; mit freundlicher Genehmigung von © Springer Fachmedien Wiesbaden GmbH 2019. All Rights Reserved)

Abb. 12:   Funktionsprinzip und Blockschaltbild von Radar- bzw. elektromagnetischen Distanzsensoren. (Aus Czichos 2019:285; mit freundlicher Genehmigung von © Springer Fachmedien Wiesbaden GmbH 2019. All Rights Reserved)

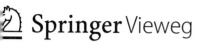

VDI-Buch

LEHRBUCH

Maria Steinmetz
Heiner Dintera

Deutsch für Ingenieure

Ein DaF-Lehrwerk für Studierende
ingenieurwissenschaftlicher Fächer

2. Auflage

VDI

Springer Vieweg

Printed in the United States
by Baker & Taylor Publisher Services